匠心筑梦

致敬大国工匠　讴歌工匠精神

张西玖　刘传菠◎编著

山东科学技术出版社
·济南·

图书在版编目（CIP）数据

匠心筑梦 / 张西玖，刘传菠编著 . -- 济南：山东科学技术出版社，2023.8
ISBN 978-7-5723-1680-7

Ⅰ . ①匠…　Ⅱ . ①张…　②刘…　Ⅲ . ①职业道德－中国　Ⅳ . ① B822.9

中国国家版本馆 CIP 数据核字 (2023) 第 159695 号

匠心筑梦

JIANGXIN ZHUMENG

策 划 人：赵　猛
责任编辑：刘玉莹　刘婷钰
装帧设计：侯　宇

主管单位：山东出版传媒股份有限公司
出 版 者：山东科学技术出版社
地址：济南市市中区舜耕路 517 号
邮编：250003　电话：（0531）82098088
网址：www.lkj.com.cn
电子邮件：sdkj@sdcbcm.com
发 行 者：山东科学技术出版社
地址：济南市市中区舜耕路 517 号
邮编：250003　电话：（0531）82098067
印 刷 者：济南新先锋彩印有限公司
地址：济南市工业北路 188-6 号
邮编：250101　电话：（0531）88615699

规格： 16 开（170 mm × 240 mm）
印张： 14.5　**字数：** 140 千
版次： 2023 年 8 月第 1 版　**印次：** 2023 年 8 月第 1 次印刷
定价： 49.00 元

序 言

*

读完这本书，我最大的感受是三百六十行，行行出状元。

中华文明绵延发展，有许多宝贵的精神财富，在一代代人中不断发扬光大，其中就包括执着于某一项工作，掌握一项技能，并发挥到极致。这些把工作做到极致的大师就是行业状元，本书正是讲述了数十位行业状元的故事。

无论是负责航空发动机维修的劳动模范，还是在固体火箭药柱上进行雕刻的艺术大师，无论是守护核安全最后一道防线的核燃料修复师，还是90多岁仍然坚守在文物修复一线的专家，这些技能大师的故事为我们打开一幅神奇的画卷，让我们看到世界上有那么多丰富多彩的行业，让我们明白在自己的岗位上坚守，把每一项细致的工作做到极致，就会成为行业的大师。更重要的是，我们能够感受到这些大师对自己所从事工作的深深的热爱，只有热爱，才能够帮助我们克服前进道路上遇到的各种困难，才能心无旁骛，一往而无前……

这本书的独具匠心之处，是把现代的技能大师与中国古代的能工巧匠用精神纽带联系起来，印证着中华文明中工匠精神绵延不断和继往开来的发展脉络。未来必将有更美丽的蓝图绘就，这些蓝图变成现实也必将呼唤更多技能人才的涌现。随着科学技术的发展，对技能人才的要求也将越来越高，可能危险环境下的精细操作已经被机器人替代，未来技能大师的工作变成在计算机前遥操作控制机器人，一点一点地把理想变成现实。许多过去的技能，随着社会发展已经不再需要，同时，也必将有新的更具挑战的技能应运而生，这也是我们在这本书里面应该看到的一点。

亲爱的读者朋友，读后你有什么体会，欢迎告诉我们，让我们一起向这些大师学习，绘制我们每个人不同的绚丽的人生画卷。

中国空间技术研究院总体部研究员

目录

目录

目录

第一篇

精益求精

——精炼百次铁成钢

希望广大劳动群众大力弘扬劳模精神、劳动精神、工匠精神，诚实劳动、勤勉工作，锐意创新、敢为人先，依靠劳动创造扎实推进中国式现代化，在强国建设、民族复兴的新征程上充分发挥主力军作用。

2023 年 4 月 30 日　在“五一”国际劳动节到来之际

习近平向全国广大劳动群众致以节日的祝贺和诚挚的慰问

| 时代星座 |

以工匠之心 护“战鹰”翱翔
——孙红梅

孙红梅 / 襄阳航泰动力机器厂首席技术专家。

航空发动机维修是世界机械维修中难度最高的技术之一，而孙红梅就是发动机的“主刀医生”。她自创“镜面反光仰焊法”，成功破解了军用发动机机匣死角故障的修复难题。

孙红梅被评为2019年“大国工匠年度人物”，曾获“全国劳动模范”“全国三八红旗手”等多项荣誉。

扎根深山 坚守报国

1975年出生于山东革命老区沂蒙山的孙红梅，从小听得最多的就是八路军抗日打鬼子的故事，这给她幼小的心灵烙下了红色的印记，她觉得，从军报国是她一生的志向。

高中毕业后，孙红梅特别想到部队参军，但因为眼睛近视没有被录取，可她并未因此而放弃从军报国的梦想。当她得知材料专业毕业后可以到军工企业上班，便毫不犹豫地报考了，她要用另外一种方式报效祖国。

1999年，孙红梅从西安理工大学毕业后，得知解放军第五七一三工厂是专门维修航空飞机发动机、保障部队战训和飞行安全的军工厂时，怀着对军人的崇敬和对航修事业的憧憬，她来到了襄阳，梦想着用自己的所学护航祖国的空军飞行事业，也算是实现了自己从军报国的梦想。

理想很丰满，可现实很骨感。当孙红梅来到当时位于谷城县深山中的修理工厂时，一下子懵住了，那里四面环山、交通不便，到最近的县城也得坐上一个多小时的班车。而真正开始工作，孙红梅也发现，自己每天重复着“两点一线”的枯燥生活，工作上都是跟发动机零部件打交道，压根看不到“战鹰”的影儿，原有的激情和干劲渐渐消退。

相比于同届在大城市里落脚的同学，孙红梅心里有了小失落，同学和朋友也开始劝她离开，让她对困顿于深山有了迷茫和退缩。

细心的车间领导察觉后，不断给孙红梅打气：“越是艰苦的地方越能锻炼人，耐得住寂寞，才成得了气候！”想到当初选择航修事业、选择军工厂时的初心，孙红梅坚定了留下来的决心：“发动机是‘战鹰’的心脏，将每一次维修工作都做到精益求精，把每一个发动机都打造成精品，就能铸就军工品质，也算是实现了自己的从军梦。”

从此以后，孙红梅开始了寂寞地坚守。白天，她在维修现场熟悉产品性能，掌握各部件的维修技巧，向老师傅学经验；晚上，她捡起书本梳理理论知识，钻研产品原理，很快就从学徒成长为技术骨干。

创新探索 奉献不悔

随着我国国防事业的发展，战机的型号和种类也多了起来，各种发动机的故障和维修都需要新的技术和手段。2002年，作为焊接专业的骨干，孙红梅被调到了当时的襄樊航空发动机修理公司，开始了修理新技术的研究。

刚到新岗位，孙红梅就赶上了某型发动机试修，如果焊接失败，不仅会造成每枚叶片3 000多元的损失，还可能耽误生产进度。专业总师走访了国内知名院所和制造厂家才发现，国内几乎没有可借鉴的技术和经验，这个焊接界的难题，也成为制约装备修理的“拦路虎”。

需要修理的叶片属于铸造高温合金材料，对焊接热量和应力敏感，极易产生细微裂纹，且焊接部位位于厚度不足一毫米的棱角处，散热条件差，容易烧塌和过热变形，因此，必须保证焊接热量足够小。而如果焊接热量过小，又会产生未熔合缺陷，导致虚焊，达不到修理效果。

孙红梅凭着一股子“冲”劲，要“碰碰”这个“硬骨头”。她重新审视叶片的技术状态，边收集查阅资料、请教专家，边动手试验不同材料的十几个焊接参数，分析不同参数对焊接过程的影响。

整个夏天，孙红梅都“闷”在蒸笼似的厂房里，加上焊接产生的高温，每焊完一道焊缝她都大汗淋漓。为避免手抖烧损钨极，她握焊枪的食指因长时间用力都变形了，裸露的皮肤经常被弧光炙烤得爆裂脱皮，眼睛也被弧光打伤得常常泪流不止。

经过近百次反复试验，孙红梅终于找到了合适的焊接电流和焊接填丝方式，首件涡轮叶片焊接成功。倔强的孙红梅扫清了试修中的“拦路虎”，助力更多的“战鹰”重返蓝天。

此后，孙红梅对焊接技术领域的探索更加痴迷。2007 年 5 月，某新型教练机上一个复杂薄壁零件损坏，在这样的薄壁零件上焊接，特别容易引起变形，修复难度很大。孙红梅没有退缩，那段日子，她将“家”搬进了工作室，带领技术骨干对设计的几十个方案逐一展开验证，对每次试验的脉冲宽度、频率和填丝速度都小心把控。凭着一股韧劲，孙红梅连续奋战 20 多天，终于完成了焊接任务，经测试完全达标！

凭着对焊接技术地不断求索，孙红梅的专业硕果像焊枪里的焊花，绽放出夺目的光彩。她主持参与的30余项科研项目，获军队科技进步奖一等奖1项、二等奖1项、三等奖3项；襄阳市科技进步二等奖1项、三等奖2项；工厂科技进步奖近20项，专利授权4项。她主持的某型发动机燃烧室机匣裂纹故障快速修复技术，成为领先国内同行业的关键技术，为国防建设带来可观的军事效益和经济效益。

传承匠心 致敬初心

在不断攀登科研高峰的路上，越往前走，孙红梅越能清醒地领悟到："个人的力量有限，集体的智慧无穷。"她坚信，一个人能力强不算强，要整个团队强才是真的强。因此，她要用技艺的传承来守护"工匠精神"，致敬她"从军报国"的初心。

2013年，解放军第五七一三工厂吸纳了一批创新能力较强、具有培养潜质的年轻技术骨干，成立了以孙红梅名字命名的"红梅工作室"，重点开展焊接专业新装备、新工艺、新材料、新技术的研究应用。作为工作室的团队核心，孙红梅毫无保留地把自己的经验分享给他人，手把手带出了数十名徒弟。

一个飞机发动机一般有10多个系统的100多个核心部件需要维修，涉及非金属、无损探伤、航空发动机等多个领域。孙红梅充分发挥团队合作优势，瞄准当今国际上相关领域的前沿技术开展研究，取得了一定的成绩。她的研究，突破了国外的技术封锁，不但提升了发动机的修理质量，延长了零部件的使用寿命，每年还能为国家节省可观的维修费用。

她说，没有国就没有家，看见自己的祖国繁荣昌盛，内心非常自豪，而自己能在幕后为保家卫国作一点点贡献，也感到非常满足和欣慰。

中国第一代核燃料师
——乔素凯

乔素凯 / 中国广核集团运营公司大修中心核燃料服务分部工程师、核燃料修复师。

他精益求精、臻于至善，倾注所有精力只为做好一件事“守护核安全最后一道防线”；他谨小慎微、不骄不躁，交出多年核燃料操作零失误的完美答卷；他是中广核自主创新之路上的一位“铁人”，潜心钻研，实现多项国内技术从无到有的记录。

乔素凯被评为 2018 年“大国工匠年度人物”，曾获“全国技术能手”“中央企业劳动模范”等多项荣誉。

操作零失误 守护核安全

1992 年从山西临汾电校毕业后，乔素凯来到大亚湾核电站，从事核电站新燃料接收、大修堆芯换料、燃料组件检测与修复等所有与核燃料相关的工作。他带领的团队，是国内唯一一支核燃料组件特殊维修专业技术团队，全国一半以上核电机组的核燃料都由该团队来维护和维修。

核燃料相关工作都有一定的危险性，技术要求高、难度大，核燃料组件修复项目更是如此。也正因为工作的特殊性，“核燃料无小事”成了乔素凯经常挂在嘴边的话，他也一直以“不允许毫厘之差”的高标准来要求自己和身边的同事。

有一次，在大亚湾电站核燃料组件修复过程中，当破损燃料棒拔出后插入替换棒时，该棒位置比其他棒位低了几毫米，担任项目负责人的他坚定地表示：“必须返工！核燃料无小事，我们不能在核燃料组件上留下任何安全隐患，一次就必须把事情做好。”最终，在大家反复试验下，将替换棒拉到了正常高度，成功修复了组件，保证了组件再入堆后的安全运行。

核燃料组件修复完全在水下操作，步骤多且工序细，仅打开燃料组件上管座这一步，就需要在水下拆除 24 颗螺钉。这个过程定位难度极高，无法靠自动化水平完成，全凭人的手感和经验。乔素凯利用水下摄像机查看情况，在地面上将 4 米的长杆伸到水下 3 米处拧动螺钉，即使只差 1 毫米，都无法完成。一旦失败，损失极大，而他总能精准完成。

乔素凯有着一个保留多年的习惯，那便是随身携带一本小本子，换料现场和PMC（核燃料装载贮存系统）设备哪里有缺陷，哪里需要改进，他都会一一记下来。正是怀着对核燃料的敬畏之心，乔素凯带领团队一直守护着核岛最深处的这方水池，完成了一个又一个艰难挑战，创造了30年历经10万步核燃料安全操作零失误的纪录，实现了燃料操作零失误及换料设备零缺陷，堪称守护核安全的典范。

十年磨一剑 三十年磨一心

如今的辉煌业绩，离不开多年的砥砺奋进。回首当年，我国商用核电站建设起步较晚，大亚湾核电站的技术、设备全靠国外引进，建设运营初期也离不开外方技术人员，核电站换料设备维修更是一直依赖于外方专家。

2012年以前，我国核电站使用的水下耐高辐照光导管摄像机需要从国外购买，一套60多万元。那时候，水下摄像机要是坏了，乔素凯还得请外方专家过来维修，他们从上飞机开始按小时收费。为实现技术与产品国产化，乔素凯与相关机构花了7年时间，成功研发了自己的摄像机。

多年来，乔素凯一直致力于PMC的维修及换料操作、换料人员行为规范、燃料组件专项视频检测与分析、燃料组件修复及后运、堆芯换料装载技术优化、堆芯装载异常困难处理、换料专用设备国产化研发等领域。目前，这些技术均处于国内领先水平，其主持并参与的项目有19项获得国家专利，部分项目还获得了中核能行业协会及国家能源奖项。在此基础上，他更深入地研究燃料组件水下整体修复项目，通过前期大量的安全可行性论证、国内外调研及消化吸收技术难点，数项关键技术和核心部件通过上万次试验，终于获得了关键工程样机数据。2018 年年初，燃料组件整体修复设备整机试验一次成功，得到了评审专家的一致好评。该设备的技术路线优于国内外通用修复模式，填补了国内的空白，将全部的技术都掌握在中国人自己手中。

十年磨一剑，三十年磨一心。三十多年来，乔素凯一

◎ 大亚湾核电站

直用一颗精益求精的匠心不断探索，艰难攻关，只为打破国内技术空白，完善操作工艺。他常对同事和家人自豪地说："我们中国人的核电出口了，从一无所有到现在去帮外国建设运营核电站，我特别骄傲！"

因为选择，所以坚守。面对毫厘之差，乔素凯一次又一次地说"不"，只为核燃料组件安全运行；面对"人有我无"的状况，他扎根现场、潜心钻研，只为能够打破技术垄断。"核燃料组件是有生命的，你要是不好好对它，它肯定以最坏的状态展示给你。如果你好好对它、呵护它，发现缺陷马上处理，不让它带病运行，它永远是以最好的状态在为电站发电。"面对自己的工作，乔素凯这样说。

乔素凯就是凭着对工作的一心一意，抱着"一次把事情做好"的信念，在这份特殊的岗位上实现他的价值，为实现我国核电强国的"核电梦""中国梦"增砖添瓦。

液体火箭心脏“钻刻师”
——何小虎

何小虎 / 中国航天科技集团有限公司第六研究院西安航天发动机有限公司数控车工、高级技师。

发动机被称为火箭的“心脏”，而何小虎就是这颗“心脏”的“精刻师”。身为航天装备制造业领域的年轻高技能人才，何小虎以一丝不苟、精益求精的工匠精神，用实际行动助力航天强国梦的同时，也一步步实现着自己航天报国的人生理想。

何小虎被评为2022年“大国工匠年度人物”，曾获“全国五一劳动奖章”“全国技术能手”等多项荣誉。

咬定目标不放松 扎根一线磨技能

上班第一天，看着车间里 20 世纪 60 年代生产的机床，何小虎显得有些沮丧，便问师父董效文：“用这么普通的机床，怎么做出火箭发动机的核心零部件？”“航天人就是要沉得下心，去锻炼技能。”师父的回答，让何小虎彻底静下了心。从此，“最早进入车间、最晚回到宿舍”成为何小虎的工作常态。

发动机被誉为火箭的“心脏”，何小虎的工作就是对液体火箭发动机的涡轮泵和推力室相关零部组件进行机械加工，通过操控数控机床，“雕刻”这些部件的每个部位。对何小虎来说，“钻”，既是一种加工方法，也是一种工作态度。

最初的三年里，他利用一切零碎时间学习和实践。加工零部件，他趴在机器上，一个动作重复几百遍；为锻炼反应能力，原来用 200 转 / 分钟的转速加工的零件，他挑战用 1500 转 / 分钟加工……“好车工一把刀，我的职业生涯就是从磨刀开始的。最初没有手感，一把看来精度要求并不高的刀具，我也要磨上三四个小时，有时候返工好几次，手上血泡都磨出来了。”何小虎说，要成为好车工，苦练是唯一出路。

“踏实、勤奋又善于思考和总结，陕北孩子的拗劲、韧劲，在他身上体现得淋漓尽致。”董效文说。

凭着这股咬定目标不放松的“傻”劲和甘于吃苦的韧劲，何小虎很快在年轻人中脱颖而出。2016 年，何小虎首次参加国家级一类大赛“中国技能大赛”，荣获陕西省第一名、全国第四名，这是陕西参加该项赛事的最好成绩。2017 年，在央视《中国大能手》大型职业技能挑战节目选拔赛中，他成为陕西入围全国十强第一人。2018 年，32 岁的他成为全国数控技能大赛陕西赛区最年轻的裁判。

求新求变勇作为 秉承匠心筑精品

作为航天产业的一线工匠，何小虎深知，“中国制造”要升级为“中国智造”，还有很长的路要走。

2016 年，公司接到某型号液体火箭发动机关键零件的加工任务，但在研制过程中发现，其中有项关键部件的加工精度要求极高，公差仅为 0.008 毫米，相当于头发丝的十分之一，即使是高级技师来加工，合格率也只能保证 20%，严重制约了产品的交付周期。

“交给我，我有信心啃下来。”面对挑战，何小虎主动要求拿下这块“硬骨头”。经过半个多月的试验、摸索、查阅资料，何小虎提出“设备热稳定性”加工概念，即准确掌握机床最理想的加工时间段进行精密加工，开创工厂超精密加工新方法，实现产品生产效率和质量双提高，第一批次产品试加工时合格率达到 100%，生产效率提高了 4 倍。

在发动机传动轴关键零部件加工的技术攻关中，他利用高精度车铣复合加工中心，通过半年时间摸索，总结出“车—铣—磨”集成加工法，将八道加工工序缩减为两道，实现该产品“以车代铣”“以车代磨”的创新，将产品加工合格率和准确率提升100%。

在发动机轴承座的加工技术创新过程中，他自行设计工装、刀具，总结试验参数，变革沿用近30年的加工方法，实现由普通手工设备加工向数控自动化设备加工的技术革新，将加工效率提升4倍，一次加工合格率提升至90%以上。鉴于他精湛的数控加工技术，公司将加工精度最高的多轴车削中心交给他，以完成微米级产品加工。经过反复实践，他挖掘设备加工潜能，提炼出“微小孔高效加工法”“异型零件高效找正法”，保证了新一代液氧煤油发动机燃烧喷注系统的稳定性，解决了制约公司10余年的生产瓶颈，将发动机喷嘴产品合格率由60%提升至90%以上，实现年降本增效近百万元。

多年来，何小虎参与了载人航天工程、探月工程、火星探测工程和空间站建设等生产任务，他勇于革命、精益求精的精神令中国航天事业的“心脏”更加强大。

“在我看来，我的动力来自每次看到火箭发射升空的时候，看到自己加工的产品在为推进中国人的梦想产生作用，感觉我的人生就有价值和意义了。”何小虎说。

一人先进孤单单 众人先进推倒山

从一名初出茅庐的“小白”，成长为航天六院西安航天发动机有限公司最年轻的一线技能专家，何小虎用了12年的时间。和自己刚入行时仰慕的“引路人”一样，何小虎逐渐成了徒弟们敬重的“老师傅”。

“航天人有一个非常好的传统，师父带徒弟，都是倾囊相授。”在何小虎看来，成为“大国工匠”并带领更多年轻人推动航天事业发展是自己的理想。“一人先进孤单单，众人先进推倒山”，何小虎最高兴的事情，就是把自己总结出的新方法、新工艺、新技术、新技能分享给同事，而且知无不言，言无不尽。

他总叮嘱刚入行的年轻人，航天产品，质量至上。“我们发动机产品的好坏就是我们个人的好坏，‘质量就是生命’这句话不是口号，是发动机研制过程中每个人必须要了解的事情。我希望我带的徒弟能够做到有理想、有目标，心怀‘国之大者’，将个人的理想融入国家的发展中来，脚踏实地把工作做好。”何小虎说。

如今，何小虎培养出的徒弟有很多也已经逐渐成长为技术骨干。“和更多的年轻人共同推动我国航天事业发展是我的理想。我很庆幸成为一名从事航天事业的技术工人，很幸运生在一个伟大的时代。”

在何小虎看来，自己还算不上真正意义上的国家技能专家。他谦虚地说：“我感觉自己和真正意义上的‘大国工匠’还有很大差距，我还要精益求精地打磨自己，争取成为真正拿得出‘绝活’的‘大国工匠’。”

对于未来的计划，何小虎表示，要不断地去学习，掌握最新的技术，从更深层次去理解、总结“航天精神”，通过自己的行动去影响周围的青年人。他决心“穷尽一生，磨砺技能，以工匠之心，苦干实干，实现智造梦”。

◎ 2020 年 7 月 23 日，海南文昌，长征五号火箭搭载天问一号火星探测器发射前准备。

| 历史薪火 |

蒯 祥

蒯祥 / 明代最负盛名的建筑大师。蒯祥善作图样，曾接连主持皇家重大工程，实际上已是皇家宫廷总建筑师，官至工部左侍郎，为我国古代建筑文化作出了很大的贡献。

蒯祥出生在一木匠世家，父亲长期在吴县经营木匠生意，名气很大，苏州一带的诸多大型建筑都是出自蒯祥父亲之手。在有着深厚建筑传统的家族出生、成长，蒯祥耳濡目染，年少时便对木工产生了浓厚兴趣。蒯祥继承家学又勇于创新，加上心灵手巧，青年时代就因建筑才华广受千里乡邻赞誉。父亲见蒯祥技艺日益成熟，带着他参与了南京承天门、建端门等工程的建造。年纪轻轻的蒯祥在众多经验丰富的“老师傅”面前锋芒初露，赢得了“小木匠”的称呼。

1406年，明成祖朱棣决定将都城从南京迁往北京，但北京当时并没有适合用作皇宫的建筑，于是朱棣下令在全国召集建筑工匠，到北京建造皇宫。在全国被召集的工匠中，蒯祥便是其中之一。蒯祥年富力强又技艺精湛，到北京后没多久就在众多工匠中脱颖而出，被命为“营缮所丞”，也就是今天所说的建筑工程师，负责领导设计皇城与宫殿。1417年，蒯祥被调到承天门工地，负责设计、规划、组织建造这座雄伟壮丽的建筑，而明代所称的承天门就是今天世界闻名的天安门。承天门在蒯祥的努力下保质保量按时完成后，皇帝朱棣亲自视察了这座新落成的建筑，心中大为欣喜。他称设计建造承天门的负责人蒯祥为“蒯鲁班”。从此以后，蒯祥在建筑界便有了

“蒯鲁班”的美名并为天下所熟识。

蒯祥擅长画宫殿的设计图，据文献记载：“凡殿阁楼榭，以至回廊曲宇，随手图之，无不称上意者。”他还精于计算，只需看上一眼就知道需要多少材料，尺寸如何，尤其擅长榫卯技术。

蒯祥在紫禁城的建设中，使用了数十种榫卯技术，包括馒头榫、箍头榫、透榫、半榫等。他还将榫卯技术中的斗拱引进到紫禁城建设中，斗拱上承屋顶，下接立柱，遇到地震时，在斗拱的起承转合下，建筑体松而不散，能巧妙化解地震冲击。紫禁城作为世界上现存规模最大、保存最完整的古代皇宫建筑群，建成600多年以来，经历过多次地震，但都安然无恙，其中蒯祥使用的榫卯技术作出了巨大贡献。

蒯祥不仅技艺高超，而且人品极好，官居高位却能保持谦逊俭朴，年老退隐后仍不辞辛苦，屡屡为后生晚辈答疑解惑、指点迷津。他的一生是匠人完美的写照，不愧于“蒯鲁班”美誉。

| 精神图谱 |

精益求精

我国自古就有崇尚和弘扬工匠精神的优良传统。精益求精出自《论语·学而》。“《诗》云，‘如切如磋，如琢如磨’，其斯之谓与？”宋朱熹注：“言治骨角者，既切之而复磋之；治玉石者，既琢之而复磨之，治之已精，而益求其精也。”

精益求精，是高标准、严要求，是没有最好、只有更好，是对品质的极致追求。失之毫厘，谬以千里。无论是古代玉器、陶瓷、丝绸等手工艺制品，恢宏庞大的工程建造，还是新时代高铁、大飞机等大国重器的制造，载人航天工程的发展，都离不开劳动者精益求精的工匠精神。

2019 年 9 月，习近平总书记对我国选手在世界技能大赛上取得佳绩作出重要指示：“要在全社会弘扬精益求精的工匠精神，激励广大青年走技能成才、技能报国之路。”

精益求精永无止境，工匠精神铸就卓越。中国特色社会主义进入新时代，新事物新业态不断涌现，工匠精神的时代价值更加凸显。只有将精益求精的精神融入技术、产品、质量和服务的每一个环节，让精益求精精神在各行各业都发扬光大，才能实现新时代的高质量发展！

◎ 青釉提梁倒注瓷壶 五代

伏凤式提梁，以花蒂象征壶盖。盖、壶衔接处堆塑哺乳母子狮，母狮张口为流。球形壶腹刻饰缠枝牡丹，底部中心有梅花形注水孔，造型奇巧，是耀窑瓷器出类拔萃的珍品。现藏于陕西历史博物馆。

◎ 天蓝地开光镂空粉彩转心瓶 清乾隆

瓶由颈、腹、底座三部分组成，用铜螺丝固定。通体以天蓝釉为地，绘青花蟠螭纹。腹部四面开光，镂空粉彩窗栏，瓶中套一桶式瓶，套瓶通体以粉彩绘西洋人物风景。此瓶天蓝釉与金彩、青花相映，色彩柔和典雅，瓶体结构巧妙，镂雕精湛，反映了乾隆时期制瓷业的巅峰水平。现藏于故宫博物院。

第二篇

知行合一

——绝知此事须躬行

加快建设国家战略人才力量，努力培养造就更多大师、战略科学家、一流科技领军人才和创新团队、青年科技人才、卓越工程师、大国工匠、高技能人才。

2022 年 10 月 16 日

习近平在中国共产党第二十次全国代表大会上的报告

| 时代星座 |

大地深处追光而行
——母永奇

母永奇 / 中铁隧道集团股份有限公司盾构机主司机。

参加工作 10 多年来，母永奇驾驶盾构机 4 万小时，累计掘进 28 千米，相当于一条地铁线，是国内少有全面掌握隧道施工主流盾构机型的专家人才。

母永奇被评为 2022 年“大国工匠年度人物”，曾获“全国五一劳动奖章”“全国技术能手”等多项荣誉。

技术水平高，“大师”足迹遍全国

盾构机轻则数百吨，重则数千吨，有液压、机械、电气、流体、环流5大系统，30多个子系统，5万多个零件。这个“庞然大物”的操作，全掌握在盾构机主司机手里。

2010年，母永奇刚入职，就接到“3个月会开盾构机”的任务。当时，国产盾构机市场处于发展初期，技术培训不成熟，母永奇能仰仗的，只有负责盾构机售后技术指导的几位师傅，他每天跟着他们看、记、练。

对母永奇来说，职业生涯首个重要节点在2014年，他参加了河南省产业系统职工技能竞赛暨中铁隧道集团第八届职工技术比武盾构操作工比武，获得第一名。这让他觉得，努力没白费。也是在比赛中，他从同行那里学到两个好习惯，每掘进一环，就要查看渣土状态、巡查设备情况。前者是了解地层变化，以便提前调整操作技术，后者是为了避免设备故障。这些习惯，影响着母永奇的渣土改良、姿态控制、紧急情况应急操作等方面技术的提升。这些技术掌握不好，可能造成机器损坏、地表沉降塌方、隧道轴线偏离等后果。提高技术水平一直是母永奇的不懈追求。

同事们称母永奇为“大师”。他先后参建宁波、郑州、成都等城市的地铁，佛莞城际铁路狮子洋隧道、深圳春风隧道等，创新工作室设在深圳、珠海、成都、西藏。这些年，母永奇的足迹遍布全国各地，是国内少有的全面掌握隧道施工主流盾构机型的专家人才。

建设宁波地铁 1 号线时，盾构机要穿越铁路桥、文物遗址等地段，地表沉降要控制在 4 毫米以内。按当时的技术，沉降控制在 10 毫米以内，就达到国际先进水平，但母永奇与技术人员最终将沉降控制在了 2 毫米以内。

在佛莞城际轨道交通项目（FGZH—3 标）施工时，所使用的进口盾构刀具 1 把 6.8 万元，只掘进 20 环就达到磨损极限。母永奇联合国内厂家，改进国产刀具，将成本降至 5 万元 1 把的同时，使用寿命提高到掘进 60 环换 1 次刀具。

10 多年来，母永奇带领完成的技术创新成果达 36 项，攻克了软土地层沉降控制、砂质地层盾构掘进渣土改良、大直径水下铁路盾构隧道建设等技术难题，创造经济效益超千万元。

“匠心”无止境 探索在路上

在大地深处探索的这些年，母永奇把工作心得一一记录下来。盾构机组装、系统构造解析、掘进操作技巧、常见问题及应对措施……翻阅他的笔记，仿佛在读专业书。

精进技术的同时，困惑和遗憾也伴随出现。幽深的隧道里，每天连续 12 个小时工作在几平方米的控制室里，被噪音、湿热的空气包裹，与外界断联。母永奇入职最初，也不时被孤独感侵袭，自己偷偷抹眼泪也是常事。但母永奇很快调整状态，鼓励自己从老一辈隧道工人那里汲取能量。外公韩礼芳参建老成昆铁路时，年仅 19 岁，那一代隧道工人靠着“一杆风枪、一把铁锹、一辆推车”，就把天堑变通途。每每想到这里，他又添了几分前进的底气和力量。

目前，母永奇最想做两件事。一是重新总结以前遇到的问题和处理方法，供大家学习参考；二是培养人才，改变“行业缺人、留不住人”的现状，他给自己设立的目标是带出 100 名盾构机主司机。

智造火箭 焊接理想
——高凤林

高凤林 / 中国航天科技集团有限公司第一研究院 211 厂特种熔融焊接工，首席技能专家。

高凤林被称为焊接火箭“心脏”的人，在焊接方面拥有过人的独特技能。他曾先后攻克了航天焊接 200 多项难关，为我国 90 多发火箭焊接过“心脏”，占我国火箭发射总数近四成。为北斗导航、嫦娥探月、载人航天等国家重点工程的顺利实施以及长征五号新一代运载火箭研制作出了突出贡献。

高凤林被评为 2018 年“大国工匠年度人物”，曾获“全国劳动模范”“全国道德模范”等多项荣誉。

航天报国　立志成才

高凤林 1962 年出生于北京，在他五岁那年，父亲不幸因病去世。由于家境窘迫，高凤林小学和中学的学费都是母亲的单位开证明，学校给予减免的。高凤林常说，是党和国家培养了他。就是在那样困苦的环境中，高凤林养成了忠厚、朴实、勤劳、善良、勇敢、坚毅的品格。母亲常说的三句话也深深地影响着他：一是人穷志不短，从小立大志；二是做人不要让人戳脊梁骨；三是做事要让人竖大拇指。

1970 年，我国第一颗人造卫星成功发射。那一天，街上喇叭传来《东方红》的乐曲声，仿佛是人们跟星星在对话，又像是星星在替人们向太空带去心声。七岁半的高凤林疑惑不解地问妈妈：“卫星是怎么放上去的？”母亲摸着他的脑袋说：“我也不知道，你长大有知识了就懂了。”这一刻，高凤林幼小的心灵中就埋下了一颗航天报国的种子。

1978 年，高凤林中学毕业，当时全年级 600 多人，他的成绩是全班第一、全年级第二。初中毕业的时候，一个哥哥参了军，两个哥哥在下乡，长期操劳的母亲身体不好，为尽早减轻家庭负担和照顾母亲，高凤林毅然决定放弃升入高中考大学的道路，选择上技校。在征求母亲意见时，母亲说：“凤林，报考首都航天机械厂技校吧，那里能解你小时候的迷惑，实现你的梦想。”就这样，高凤林报考了离家不远的首都航天机械厂技校，从此，他与航天便结下不解之缘。

考入技校后，高凤林被分配到焊接工艺与制造班学习。对这个专业，高凤林起初大失所望，感觉距离他的航天梦太远了。在一般人看来，焊接很简单，也觉得这门技术很好学。有一段时间，高凤林感到失落，积极性不高，学习成绩也在下滑。老师约他谈话时，他很坦白地说：自己是抱着进入航天大企业、操作大机床的梦想而来，想学机床，不喜欢搞焊接。后来经过学习，高凤林逐渐明白了焊接在航天领域至关重要的作用。在技校勤奋刻苦地学习，奠定了他扎实的技术功底，多年之后，他还清晰地记得老师对他们的鼓励："你们当中将来谁要能焊接火箭发动机，就是英雄。"

学习实践 攻克难关

1980 年，高凤林被分配到七机部（航天部的前身）第一研究院 211 厂 45 车间安装队。分配情况让高凤林很失望，就在这时，工段长陈继凤、组长秦文秀根据他的学习成绩，赶忙跑去找党支部书记反映，说高凤林同志是表现最出色的实习人员，生生地把高凤林要回到焊接车间。直到如今，高凤林还清晰地记得他去焊接车间报到时，党支部书记的谆谆嘱托："凤林同志，我们珍惜你是块材料，航天事业的发展需要像你这样的年轻人，你一定要努力，不要辜负了我们对你的期望呀！"从那时起，高凤林就暗下决心，"我要感恩，一定要干出个样来以不辜负领导、师傅们对我的期望。"就这样，高凤林正式进入 211 厂 14 车间，成为一名年轻的普通焊工，专门服务火箭制造工作，实现了儿时的梦想。那一年，他 18 岁。

1983 年，工作仅三年的高凤林参加了 331 工程之一的长征三号火箭发动机燃烧室的研制，因表现突出被评为厂优秀团员，并作为车间仅有的一名青年荣立了 211 厂 331 工程三等功。那一年，高凤林 21 岁。首次立功，让高凤林感受到了获得荣誉的喜悦。当时，厂里有项重大工程遇到技术问题，爱钻研的高凤林把新材料搞懂吃透，并查阅大量资料，最终攻克了这个难题，使得项目研制取得突破。这次经历，让高凤林感受到了将理论转化为实际应用的快乐，也使得高凤林养成了不断学习、不断实践、不断攻克难关的好习惯。

1984 年，高凤林被抽调到首都航天机械有限公司民品大型真空系列炉工段系统组。当时，大型真空炉作为填补我国热处理工业空白的产品，可以改变我国依赖进口或采用落后的盐浴炉生产的状况。通过广大科技人员和工人师傅坚持不懈的努力，我国终于研制出了这一系列产品。但是，开始生产时因为效率不高，一时无法很好地满足国内外市场的大量需求。在向老师傅虚心请教后，高凤林经过反复试验和摸索，在大家期待的目光中，最终只用 3 个多小时便顺利完成了以前两三天才能完成的焊接组装工作。大家一致赞叹他“好样的、好样的”，并称他是“系统专家”。高凤林的这次创新，每年仅原材料一项就为国家节约资金 70 万元左右。

1988 年，高凤林终于如愿以偿考取了职大业余班，学习机械工艺设计与制造专业，开始了长达4年的艰辛求学之路。白天工作、晚上读书，高凤林显示出了不同于常人的吃苦耐劳的毅力，争分夺秒、学习充电。在努力学习的同时，高凤林在工作上攻克了一个又一个难关。

大胆质疑 小心论证

1990年，我国开始了新型号大推力氢氧发动机螺旋管束式大喷管的预研攻关项目。喷管延伸段由密密麻麻排列的200多根壁厚只有0.3毫米左右的微小变截面方管组成，全部焊缝长达900米。由于方管壁厚太薄，焊接过程中极易焊漏，而一旦失误，损失将达百万。高凤林带领团队凭借着丰富的经验和高超的技艺，不断地试验和研究，克服重重难关，经过一个多月连续昼夜奋战，终于将首台发动机大喷管焊接完成了。可是，X光检验显示，竟然有30%以上的方管内部出现“裂纹”。结论若是成立，就直接说明这台大喷管质量不合格，只能报废，这不仅意味着大家付出的努力白费了，而且还浪费掉国家上百万的资源。当时，高凤林整天沉默寡言，他不甘心大家努力完成的成果就这样被宣判失败，他要找到真正的原因，并给出正确的解释。

经过坚持不懈地探究，高凤林觉得这种看似裂纹的现象是焊漏与方管夹角处在X光片上形成的一种假象，并不是真裂纹。在厂里召开的质量分析大会上，高凤林见各方专家争辩不休，拿不出解决办法，就大胆地说：“那是假裂缝。”听到这句话，会场立马炸开了锅。一位资历很老的 X 光检验师傅对高凤林说："我做了这么多年的 X 光检验，真裂缝假裂缝难道分辨不出来？小高，你可别瞎说。"面对质疑，高凤林又认真地将自己的想法有理有据地解释了一遍。但是，由于资历尚浅，没有几个人认可高凤林的观点。最后，项目总工程师决定对这个大喷管试件作剖切分析。经过剖切分析，证实高凤林的分析是对的，在 200 倍的显微镜下，清晰地看出 X 光底片上的疑点不是真裂缝。这一新型大推力发动机的成功应用，使我国火箭的运载能力大幅提升。

技高一筹 扬名海外

1989 年，为了满足大容量、大吨位卫星的发射，我国建造了亚洲最大的全箭振动试验塔，其中振动大梁的焊接是关键，属于一级焊缝，而制作振动大梁的材料很特殊，焊接难度很大。为了满足振动大梁的焊接要求，高凤林要在高温下连续不断地操作。焊件表面温度达几百度，高凤林的双手被烤得发干，鼓起了一串串水泡。为了按时保质完成任务，他咬牙坚持下来，最终焊出了合格的振动大梁，并使得振动大梁承载能力由原来的 360 吨提高到 420 吨。振动大梁经受住了时间的考验，而高凤林的手上至今还有因严重烤伤留下的疤痕。

1991 年，高凤林被破格晋升为国家级技师，还拿到了期盼已久的大学专科文凭。之后，他又完成了从本科到研究生的学习。2005 年，高凤林所在的班组被国防邮电工会和航天科技集团公司联合命名为"高凤林班组"，成为航天一院首个以劳模名字命名的班组。此后，班组在高风林的带领下，凭借骄人的业绩相继荣获“全国工人先锋号”“全国学习型优秀班组”“全国安全生产示范班组”等多项荣誉称号。

2006年11月，诺贝尔物理学奖获得者丁肇中领导的一个由世界16个国家和地区参与的ASM-02暗物质与反物质探测器的研究项目，遇到了一个技术难题，邀请高风林前往承制基地协助解决。厂长嘱咐他，一定要拿出看家本事，不能掉链子。高风林说：“厂长你放心吧，我会尽力而为。”第二天一早，高风林飞赴承制基地。由于该工程异常复杂，难度巨大，在高风林前面已经来了两批国际和国内的顶尖专家分别进行了论证，但他们设计和策划的项目实施方案最终都没能通过国际联盟总部的评审。高风林在了解了设计结构、工艺状态和加工手段后，在论证会上把自己的设计方案给大家作了详细的介绍，现场的设计、工艺、总师等人员无不点头赞许。两个月后，高风林的设计方案获得了国际联盟总部的评审和认可。

拒绝高薪 坚守匠心

2011年10月，国家人力资源和社会保障部建立了“高风林技能大师工作室”，这也是首批（50个）国家级技能大师工作室之一。技能大师工作室自成立以来，除完成型号产品的研制生产任务，还注重成员对技术工作的总结、提炼，推广工作室高技术人才的绝技绝活等创新成果，推动行业的快速发展。2015年，高风林劳模创新工作室挂牌。

2019 年，高凤林当选 2018 年“大国工匠年度人物”，获“最美奋斗者”个人称号。

外资企业曾以高薪和解决住房等条件聘请他，但他不为所动，许多次可以提拔的机会，高凤林也都放弃了。他始终认为，他的根在焊接岗位上。高凤林对航天事业的热忱和忠诚，在炽热的弧光照耀下越发闪亮。

匠心恒久远　余晖映莫高
——李云鹤

李云鹤 / 敦煌研究院保护所原副所长、中国著名的古代壁画与彩塑保护修复专家。

他是国内石窟整体异地搬迁复原成功的第一人，也是国内运用金属骨架修复保护壁画获得成功的第一人，被誉为我国“文物修复界泰斗”。90 多岁高龄的他至今仍坚守在壁画修复保护的第一线。

李云鹤被评为 2018 年“大国工匠年度人物”。

执着坚守　一生一事

李云鹤先生于1956年在敦煌莫高窟参加工作，1998年退休，但至今仍然坚守在文物修复保护第一线。

60多年来，他修复壁画4 000余平方米，修复、复原塑像500余身，尝试创新“空间平移”“整体揭取”“挂壁画”等多项国内首创的壁画修复技术。其中，参与实施的“筛选壁画修复材料工艺”荣获1978年全国科学大会成果奖，“莫高窟161窟起甲壁画修复”“敦煌壁画颜料X光谱分析及木构建筑涂料”两项成果荣获国家文化部科技成果一等奖……

2015年12月，敦煌研究院、国家古代壁画与土遗址保护工程技术研究中心共同主办了“古代壁画彩塑修复技术研讨会暨李云鹤先生从事文物保护工作60年纪念座谈会”。大会高度评价褒扬了他“一生只做一件事，至今已做60年”的执着坚守和敬业精神。

知行合一　燃尽心血

1962年初，时任敦煌文物研究所所长把修复任务交给李云鹤时，神情忧郁、不无惋惜地说：“161窟再不抢修，壁画很快就会全部脱落，你试试看，死马当活马医吧。”

莫高窟161窟开凿于晚唐，位于莫高窟南区最顶部，共有壁画60多平方米，全部起甲。当看到窟顶和四壁的壁画残片“像雪花一样坠落”时，李云鹤痛心不已。

细心的李云鹤发现，用纱布碾压回帖壁画的修复方法存在很大缺陷。由于纱布纹理粗糙，容易在壁画上形成纵横交错、印痕明显的网格，影响修复效果。经过反复实践比较，他选定了吸水性强、纹理更细密的纺绸，有效解决了修复壁画上“印痕”凸显的实践难题。

修复材料不过关是当时工作中无法逾越的另一道“坎”。1961年，从波兰归来的文物保护专家胡继高先生来到敦煌，介绍了国外修复壁画的材料技术。李云鹤从中受到启发，欣喜若狂的他像抓住了救命稻草一样，从北京购回了一些原材料，在莫高窟进行现场实验，以期获取理想的修复材料。

当时敦煌研究院没有实验仪器，李云鹤克服重重困难，

◎ 敦煌莫高窟

采取蒸、煮等高温方法观察材料的物理、化学性能变化，还放在室内室外、山上山下，分别在炎暑寒冬、白天黑夜进行对比观察，最终实验出了理想的修复材料，并通过了广州材料研究所的鉴定。

正是有了工具、材料、技术上的革新作支撑，李云鹤在修复161窟时，既信心满满，又谨小慎微。他用了两年时间修复了60多平方米的壁画，平均每天修复壁画不到0.09平方米。

时至今日，每当回忆起161窟的修复经历，他都深有感触地说："161窟壁画修复，是我面壁两年，一点一点绣出来的。"161窟也是敦煌研究院首个自主修复的洞窟，被称为"敦煌研究院壁画修复保护的起点"。

莫高窟130窟是李云鹤修复大面积空鼓壁画的成功范例。130窟位于161窟的下方底层，开凿于盛唐时期。窟内有石胎泥塑、身高24米的"南大佛"，还有绘于宋代的莫高窟最大飞天图案。由于年久失修，整窟壁画空鼓严重，在20世纪60年代初期，曾发生约3平方米壁画整体脱落的事件。在看到那一堆脱落破碎的壁画时，李云鹤痛下决心：一定要竭尽全力修复保护好它！

1963～1965年，经过反复实验论证，李云鹤在国内第一次采取锚固技术进行空鼓壁画修复保护。面对300多平方米的空鼓壁画，很多同行都摇头咂舌。他经过周密测算、精确布点，按照1个锚桩固定约1平方米壁画的原则，在壁画次要位置打进了300多个锚桩，并嵌入

20 ~ 30 厘米的钢筋螺杆，最后在壁画表面用十字架锚头将壁画固定复位。至今，130 窟的壁画没有再发生脱落损毁的现象。

历经岁月沧桑，李云鹤已经从刚踏进莫高窟时朝气蓬勃的山东小伙子变成了饱经沧桑的西北老人，面颊不再红润，脸上皱纹也多了，但他的心却从来没有离开过 161、130 这两个洞窟。每年，他都会像看望自己的亲人一样，在这两个洞窟里走一走，看一看。因为这里承载了他激情燃烧的岁月，留下了他最美好的青春记忆。

20 世纪 70 年代，他整体剥取、搬迁复原了莫高窟 220 窟甬道重层壁画。220 窟建于唐代，西夏时期对壁画进行了掩盖重绘。历经千年之后，窟内西夏壁画损毁严重，但甬道表层的西夏壁画仍然比较完整。1975 年，李云鹤创造性地对 220 窟甬道西夏壁画进行了整体剥取、搬迁、复原，并且把西夏壁画续接在唐代壁画的旁边，从而使两个历史时期的壁画展现在一个平面上，供学者研究、游人观看。这在国内石窟文物修复保护史上是开天辟地的第一次，在大漠深处的莫高窟引起了极大轰动。

1992 年，距离敦煌 50 多千米的南湖店，两个石窟病害严重，面临洞窟坍塌、壁画文物毁损殆尽的危险，亟须修复保护。李云鹤经实地调查后，综合考虑病害及风沙、水文、噪声等环境因素，在国内首次提出了整体异地搬迁复原两个石窟的大胆设想。结果一石激起千层浪，文物修复保护界热议不断。经过国家文物局组织专家实地查看和反复论证，他的方案最终被采纳。

李云鹤也是国内运用金属骨架修复保护壁画获得成功的第一人。现在，大家对建筑行业“挂瓦”“挂砖”的做法司空见惯，习以为常。早在1991年，李云鹤接受邀请主持修复青海乐都瞿昙寺瞿昙殿壁画时，就提出了“挂壁画”的修复保护理念，并在实践中获得成功。

他更是国内原位整体揭取复原大面积壁画获得成功的第一人。1994 ~ 1995年，李云鹤主持青海塔尔寺弥勒殿壁画保护和大殿建筑修复时，面对140平方米的壁画，若使用传统的切割法，将会损失约5平方米的珍贵文物。他破天荒地采取壁画整体剥取、原位固定、砌好墙体后再平贴回去的高难度修复技法，并取得圆满成功。完工后，寺院住持走进大殿时疑惑地说：“壁画没有修嘛……”李云鹤开心地笑了，他说：“我太喜欢您这句话了，这是对我们文物修复保护工作的最高褒奖！”

塔尔寺修复保护工程结束后，时任敦煌研究院副院长樊锦诗盛赞：“这么大面积的壁画原位整体揭取复原，在全国都是首屈一指的。”多年以后，李云鹤提起这些修复保护壁画的经历，依然满怀深情，他不无自豪地说：“当年我们做的这些工作，到现在都还没有被超越……”

德艺双馨 毕生做匠人

1998年退休以后，敦煌研究院聘请李云鹤先生继续从事文物修复保护工作。他把更多的心思和精力放在了言传身教、培育新人上。在60多年的工作实践中，李云鹤形成了一丝不苟、严格要求、精益求精、高度负责的工作态度，并且将其渗透融入每一次修复保护工作中。1998 ~ 1999 年，李云鹤主持武威天梯山石窟大佛像复原修复工作。时年 65 岁的他，从大佛窟基础资料调查、备料到现场复原修复的每一个环节都身体力行、反复论证。最终仅参照 20 世纪 50 年代的几张模糊照片，复原了窟内七身塑像，其中最大的塑像高达 27 米。在工作中，他严谨负责、精益求精的工作态度感染、激励了全体工作人员，激发了大家对文物修复保护工作的激情。

2006 年，他主持修复杭州凤凰寺穹顶壁画。由于天气闷热难耐，一些年轻的修复人员产生畏难情绪，但是看到已经 73 岁的李老师光着膀子，蜷缩在简易脚手架上专心致志、挥汗如雨地修复壁画，任由汗水顺着额头、手臂、后背不断往下流淌，大家都默默地拿起工具，重新爬上脚手架，开始工作。他带头实干、苦干的精神，不但激励了现场的修复保护工作者，而且感动了寺院管理人员。在现场观察了一个星期后，寺院破例允许修复人员上下班从正门出入，而且每天定时送来饮料、茶点等慰问大家。

2015 年以后，他常驻莫高窟的姊妹窟——榆林窟，主持修复第 6 窟 24 米高的大佛像。当时已经 83 岁高龄的他仍然坚持亲临一线，每天颤巍巍地穿梭在 20 多米高的脚手架上，一边自己动手修复，一边指导年轻人工作。他对文物修复极端负责的态度和对年轻人无微不至的关怀，使每一个参与修复的人员都心生敬畏、充满感激。

敦煌研究院文物保护所的工作人员基本都是李云鹤在几十年工作中手把手带出来的学生、徒弟，很多人已经成为文物修复保护领域的业务骨干和中坚力量，并取得了不菲的研究成果。尤其令他欣喜的是，儿孙辈中也有人继承了他的衣钵，从事文物修复保护工作，李云鹤精湛的壁画修复技艺得到了延续和传承。

| 历史薪火 |

墨 子

墨子 / 名翟，先秦时期著名的思想家、科学家、军事家。

墨子也是一名技术高超的手工业劳动者，精通百工，技艺精湛，与当时名匠鲁班齐名，曾任宋国大夫，是一个同情“农与工肆之人”的士人。墨子倡导求真务实，关心百姓的衣、食、住、行，广收门徒，其弟子多数是工匠出身。墨子与其弟子共同劳动，在技艺传授和生产实践过程中孕育了墨家特有的工匠文化，形成了独特的工匠精神，即“崇德尚技、述而且作、尚巧达善”。

墨子的道德理想是构建“兼相爱、交相利”的和谐社会，“崇德尚技”是墨子工匠精神中道技合一的具体表现。他强调技之巧在于服务天下百姓，心中的兼爱胜过于利器之强，“故交相爱、交相恭、犹若相利也”。可见，墨子主张为之于民的价值取向和道德尺度，希望用良好的道德改善人与人的利益之争、国家之间的彼此征伐，建立公平正义的社会秩序。

被后人称为“科圣”的墨子，集科学家与工程师于一身，利用光学、力学、声学等原理，在实践的基础上发明和制造出能飞的木鸢、提水的桔槔，以及滑车、云梯、转射机等实用性极强的生产工具和攻防器械，另外还更新了造车技术。

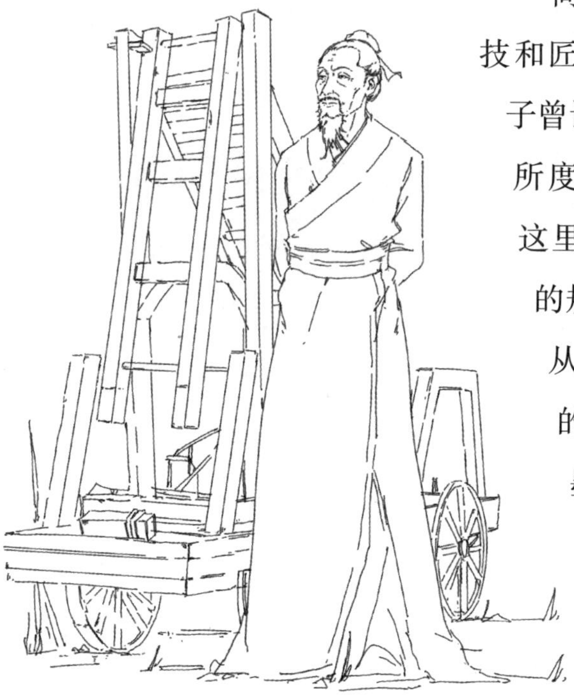

“尚巧”是墨子工匠精神中匠技和匠心相结合的重要体现。墨子曾说，“故百工从事，皆有法所度”“法取同，观巧传”。这里的“法”是指各种技术中的规范和标准，墨子强调人们从事各行各业都要遵守行业的标准。在“法”的基础上，墨子又明确提出“巧传则求其故”，这句话包含着两层意思：一是“求其故”，即要求人们要勇于探求事物的原因，善于把握其内在规律，遵守技术的规范与标准，掌握好专业技能，这是作为合格工匠必不可少的基本要素，即匠技；二是“巧传”，是指人们在制造过程中只有娴熟地掌握技术和技巧，挖掘潜在的创造力，运用匠心独运的灵思，才能打磨锻造出精湛的产品。这种灵巧心思就是匠心。

墨子及其弟子在生产实践中，善于创造发明、不断改进技术，这正是墨子工匠精神中所蕴含的符合时代要求的重要因素，也是墨子工匠精神优秀品质的特殊价值所在。

| 精神图谱 |

知行合一

知行合一是我国明代著名哲学家王阳明的哲学思想。“知”即对理论的认知，对知识的学习和掌握，“行”即对认知的实践，“合一”即二者结合起来，相互制约，相辅相成。知行合一是我国传统哲学思想，也是现代工匠精神的重要内涵之一。

工匠精神经千年沉淀，早已成为中国优秀传统文化的一部分，伴随产业结构的升级和现代工业的发展，工匠精神被赋予了新的时代价值。新时代坚持和弘扬工匠精神，既要加强理论学习，走在前列，又要结合实践，干在实处，切实做到德技并修，知行合一。

⊙铜车马　秦

整体用青铜铸造，采用了铸造、镶嵌、焊接、子母扣连接、活铰连接等多种工艺组装而成，是中国考古史上迄今出土的体型最大、结构最复杂、系驾关系最完整的古代车马，被誉为『青铜之冠』。铜车马通体施以彩绘，有云纹、几何纹、夔龙纹等图案，红、绿、紫、蓝等色彩艳丽丰富，生动描绘了秦代皇家属车的华贵富丽。现藏于秦始皇帝陵博物院。

青铜编钟

战国·楚

这套编钟共13件，经试音发现编钟音阶准确，音质悠扬，每枚钟都能发两个乐音，两音之间为大三度关系，符合现代声学原理。1970年我国第一颗人造卫星遨游太空携带的乐曲《东方红》就是用这组编钟演奏的。现藏于中国国家博物馆。

长信宫灯

西汉

铜制通体鎏金，灯体中空，外形是一宫女跪地执灯。宫女左手执灯盘，灯盘可转动，灯罩由两块弧形平板组成，其中一片还可以左右推动，便于调节灯的亮度和照射方向。最为突出的设计便是它蕴含的环保理念，宫女右手手袖似在挡风，实为虹管，用以吸收油烟，既防止了空气污染，又有审美价值。长信宫灯实用、卫生、精巧、优美，为我们呈现了两千多年前的中国智慧。现藏于河北博物院。

铜奔马

东汉

造型矫健精美，作昂首嘶鸣，疾足奔驰状。塑造者摄取了奔马三足腾空、一足超掠飞鹰的刹那瞬间。让飞鹰回首惊顾，更增强奔马急速向前的动势。其全身的着力点集注于超越飞鹰的那一足上，准确地掌握了力学的平衡原理，具有卓越的工艺技术水平。现藏于甘肃省博物馆。

青铜神树

商

1号大型铜神树由底座、树和龙三部分组成，采用分段铸造法铸造，使用了套铸、铆铸、嵌铸等工艺，通高3.96米，树干顶部及龙身后段略有残缺。在我国迄今为止所见的全部青铜文物中，这株神树称得上是形体最大的一件。现藏于三星堆博物馆。

第三篇

爱岗敬业

——衣带渐宽终不悔

我国工人阶级和广大劳动群众要大力弘扬劳模精神、劳动精神、工匠精神，适应当今世界科技革命和产业变革的需要，勤学苦练、深入钻研，勇于创新、敢为人先，不断提高技术技能水平，为推动高质量发展、实施制造强国战略、全面建设社会主义现代化国家贡献智慧和力量。

2022 年 4 月 27 日

习近平致首届大国工匠创新交流大会的贺信

| 时代星座 |

锻造大国重器的锻工
——刘伯鸣

刘伯鸣 / 中国一重高级技师。

他是万吨水压机操作者，从业30多年来，先后攻克核电、石化等产品90余项工艺难关，填补国内行业空白，为促进核电、石化产品国产化，打破国际垄断，提升我国超大型铸锻件极端制造整体技术水平和国际竞争力作出了突出贡献。

刘伯鸣被评为2019年“大国工匠年度人物”，曾获“全国道德模范”“全国技术能手”等多项荣誉。

学好真本领　一生做匠人

刘伯鸣 1971 年出生，父亲是一名转业军人，家里兄弟姐妹 3 人。小时候家里生活困难，当时父亲每月工资才 36 元，母亲每月收入不到 20 元，这点微薄的收入要支撑一家 5 口生计，困难程度可想而知。好在父亲秉性刚强又心灵手巧，每天下班回来做各种木匠活儿补贴家用。有时父亲一个人忙不过来，就让他帮忙，小伯鸣从那个时候起，就强烈地感受到一门手艺对一个家庭的重要。

初中毕业后他考上了技校，锻工专业。那是他第一次离家住校学习。当时大家比较散漫，学习抓得也不是很紧，觉得这辈子的前途无非就是进工厂当工人，一眼就能望到退休，没有多大动力。可是有一件事对刘伯鸣触动很深，让他从此确定了人生的奋斗方向。

记得那天工艺课，老师给大家讲述了中国一重的历史，尤其重点介绍了代表中国一重乃至国内重机行业制造能力的 12 500 吨水压机。一连串翔实的数据，一大批举足轻重的锻件产品，在学生们眼前勾勒出一幅壮阔无比的画卷。一重拥有万吨水压机这种重大基础性、战略性装备，从 20 世纪 60 年代起就解决了大型锻件全部依赖进口的被动局面，提升了我国大型锻件的生产制造能力，增强了我国冶金、炼油石化、汽车制造、核电、电站等企业核心锻件的自主化、国产化装备能力，为打破国外垄断提供了有力武器，是支撑现代工业的“定海神针”。震撼之余，刘伯鸣头一次感到自己看似平凡普通的锻工工作竟然与国家的前途、民族的命运有着这么深沉的内在关联，这种关联是那么实实在在，又那么不同凡响。他的面前好像突然打开了一道光芒四射的大门，里边的风景雄浑壮美、深广无边。他被锻造行业难以限量的发展前景深深吸引，刘伯鸣暗下决心，一定要学好本领，干出名堂！从那以后，他像换了个人，上课全神贯注，课余主动查找相关图书资料，如饥似渴地吸纳着知识养分，很快机械制图和锻造工艺学这两门主科成绩就名列前茅。

1990 年 8 月，刘伯鸣技校毕业进入中国一重，来到水压机锻造厂从事锻造工作。面对眼前这台相当于当年全中国人民每人出 1 元钱制造的新中国第一台万吨水压机，刘伯鸣感慨万千。这个 20 多米高的“钢铁巨人”就像一个巨大的“揉面机”，数百吨钢锭在它手中，就像小面团一样被揉成需要的形状，联系到它为我国民族工业立下的汗马功劳，刘伯鸣心中充满了自豪，从此立志做一个锻造大国重器的光荣匠人。

动脑肯流汗 一生修匠艺

刘伯鸣的父亲曾在原沈阳军区军营里摸爬滚打 10 多年。20 世纪 60 年代全军大比武时，他父亲枪法精准，是位响当当的武状元。复员转业后，父亲在一重武装部工作，在一次枪法比赛中，10 发子弹打出 98 环，成绩遥遥领先。刘伯鸣问父亲，为什么打得这么好，父亲意味深长地说：“只要肯动脑肯流汗，就没有做不好的事儿。”这句话从此沉淀在刘伯鸣内心深处，对他的成长成才产生了深远影响。

“把分内的工作专心致志、踏踏实实地做到极致，这才是真正的本事，要做就做最优秀的锻工！”这是父亲在刘伯鸣走上工作岗位后对他说的又一句“至理名言”。追求极致，意味着专注持久地努力，意味着要耐得住寂寞，稳得住心神，在一琢一磨中锻炼意志、培养耐心、积累经验、提高能力，刘伯鸣做到了。“他锻起活来上心、动脑、不惜力，所以进步快，有能耐”，熟悉刘伯鸣的工友这样评价。

整锻低压转子是核电常规岛装备的核心部件，最能代表热加工的综合技术水平。此前，国际上只有日本具有成熟的制造技术，每只进口价高达 8 000 万元。为尽快摆脱国内超大锻件自主制造能力不强、受制于人的困境，刘伯鸣与研制团队立志挣脱“枷锁”，全身心投入技术攻关。那段时间，他满脑子都是工艺参数、锻件成形过程，近乎处于“着魔”状态。一天下班回家，刘伯鸣看见妈妈正在揉面，就赶紧接过来，边陪妈妈说话边干活儿，不知不觉竟然把面团揉成中间粗、两端细的低压转子形状。妈妈惊讶地看着他手里的“面团”说道：“孩子，你是不是‘魔怔’了？”

经过刘伯鸣及其团队的努力，整锻低压转子锻件自主化制造取得成功，技术居于国际领先水平，不仅填补了国内锻造技术的空白，也彻底打破了此类核电关键锻件全部依赖进口的被动局面，促使该产品进口价格由原来每只 8 000 万元降至每只 2 000 万元。

加氢反应器是有机化学实验室和实际生产过程中一件非常重要的设备，常用于将石油工业中最难利用的重质部分——渣油加氢转化为轻质油，从而生产出汽油、柴油等。过渡段是加氢反应器中的主要构件，由两部分组成。传统制造方法为单独制造，然后将两部分进行焊接，材料利用率低、生产周期长，并且增加了一道焊缝。2019 年 5 月，刘伯鸣带领团队发起“过渡段筒节一体化”课题攻关，成功解决了过渡段一体化面临的形状特殊、扩孔前两段壁厚不均、扩孔时走料不同步等诸多情况难题，使锦州、锦西台渣油加氢反应器 16 件一体化筒节过渡段锻造圆满完成，并一次合格发出。该技术的成功开发，体现了我国大型加氢反应器制造研发的雄厚实力，实现了“国际领跑”。

初心与坚守 一生炼匠心

刘伯鸣的履历表很简单，在锻造这个行当一干就是 30 多年，但他的心路历程却大不简单。

锻工苦啊！锻件通常要加热到 800 度以上才能锻制，高温炙烤的工作环境，要穿厚厚的工作服，夏日里不干活都是一身汗，何况还要到通红的锻件前量尺。有时遇上迸溅的氧化铁皮，还有烫伤的风险。

责任重啊！需要用万吨水压机，特别是用 2006 年中国一重自主研制的当时世界最大、最先进的 15 000 吨自由锻造水压机锻造的锻件都是大锻件，多为超宽、超高、超重的“国之重器”，如果锻废了，不仅是几百、几千万元经济损失的事儿，还要算耽误国家重点工程项目建设的政治账、用户质疑的信誉账。因此，锻工干活都要格外的细心、小心。

诱惑大啊！20 世纪 90 年代中后期，随着宏观经济环境的变化和产业结构调整，公司发展步入低谷，生产经营一度陷入困境，员工每月只能拿到 200 元生活费。一时间，人心浮动，公司高技能工人也出现了外流。其后，市场经济条件下的薪酬等诱惑从未间断。

精益难啊！锻工是“打铁的”，过去的“铁匠”就是粗放的代名词，想在这个行当进行技术创新、精益管理、降本增效、干出成绩，难！

现实的纷扰，众多的诱惑，常常让人淡忘了本来的追求。守住初心，保持定力，每一步都走稳走好走扎实，谈何容易？

刘伯鸣非常愿意和一位很有见地的老师傅唠嗑，因为老师傅的想法常常和他不谋而合，既能佐证他的观点，又能坚定他心中的坚守。老师傅说：“选择离开，个人有这个权利，不算过分。但是你得明白，外面的世界并不是咱们想象得那么美好。你肚里的那二两墨水是打哪儿来的？你离开了，你那二两墨水能要多久？用没了怎么办？一重，为啥能叫一重？就因为它是一个足以支撑你大展身手的舞台！想想，没有舞台的演员，他的未来是什么？”是啊，树高千尺，根在沃土，每个人的成长都需要坚实的根基，否则，一切可能都要归零。在人生的岔路口把握住方向，才能守住那份忠诚与担当、坚守与希望，几经风浪洗礼，刘伯鸣更多了一份成熟与稳重、执着与坚强。

在坚守初心，精进技艺的同时，刘伯鸣深知人才是企业创新和发展的第一资源，尤其是热加工更需要“手艺人”。为快速提升青年职工技能水平，刘伯鸣依托劳模创新工作室设立了“劳模讲堂”，为职工和新入厂的技校生讲授《超大型锻件操作实战要领》《锻件质量问题及解决途径》等课程。长期坚持下来，大家不仅理论水平大幅提高，实际操作技能，尤其是锻造超大、超难锻件的操作技术也都有了长足的进步。

一路走来，刘伯鸣深深地感到，一个合格的工匠不仅要坚守匠心、精进匠艺，还要有爱国报国之志、爱党忠企之心，打造出更多“杀手锏”装备，为实现制造强国、质量强国贡献力量！

“镗工大王”以“手”当“眼”练就绝活
——戎鹏强

戎鹏强 / 北重集团深孔镗工。

戎鹏强屡破国外技术壁垒，多次创造深孔镗领域的“中国第一”，其独创的加工操作法打破了国际垄断，填补了国内空白，为我国火炮身管、风洞等科研试验装置加工制造作出了卓越贡献。

戎鹏强曾获“全国劳动模范”“全国道德模范”等多项荣誉。

初生牛犊 达标增效

20世纪80年代，北重集团特种机械厂的领导们寝食难安、如坐针毡，怎么完成刚签的一批订单，成了当务之急。订单上的产品叫高压釜，这是一种特种管体，市场需求量很大，但由于受加工方法制约，生产速度特别慢。这种现象持续了半年多，客户总是在工厂等着，一加工完马上就运走，因为他们早运回一天就能早见效益。

为解决这个“卡脖子”难题，厂领导想尽办法：调换车间，实行24小时倒班作业。那时深孔镗床班由两人操作一台33米的机床，因为倒班工人不够，怎么安排都差一个人，领导为此急得团团转。就在一筹莫展之时，一个年轻人站了出来，说：“要不我一个人一班吧？”

领导一看，这不是工作没几年的小徒工戎鹏强吗！看着领导疑惑的眼神，戎鹏强说：“我可以尝试一个班，如果不行就停，也损失不了啥。”

之前戎鹏强时不时地搞些小改革，领导对此略有耳闻，但他是否真有什么大本事还令人怀疑，不过看他这么有信心，那就“死马当活马医”吧。接下来戎鹏强真就一个人上满了一个班，当领导去检查时，出乎意料：两个人一个班才能勉勉强强干出的一件活，他一个人一个班就轻松完成了，并且质量无可挑剔，也就是说他把工效提高了至少两倍。

为啥大伙儿都解决不了的问题，戎鹏强却能手到擒来呢？

原来，在生产任务刚转到戎鹏强的车间时，他就发现了加工上的问题：产品加工前后尺寸不一样，前大后小，这样就需要重走一次扩孔，极大地影响了加工速度。此外，因为加工困难还会造成打刀划伤甚至造成刀废，如此一来用两三回就得换刀，岂不影响进度？从成本的角度上讲，一把精镗刀片上千元，用两三回就报废，真是令人心疼啊，须知那时工人的月工资才三四百元。

怎么才能既解决生产进度问题，又避免过多的浪费？戎鹏强通过反复琢磨后很快找到了答案，经过一周反复试验，数据稳定，他心里踏实了。

有一天早上，工友们来接班，惊讶地发现戎鹏强居然在一个晚上干出了三件活，大家问他是怎么干出来的？戎鹏强毫无保留地把自己摸索出来的方法告诉了大家。随后，他的操作法经过一两天的现场推广，大家都基本掌握了。至此，北重集团深孔加工的瓶颈被彻底打通，工效由原来的 24 小时加工 1 件提高到 5 件。厂领导对戎鹏强赞赏有加："小戎，好样的，有前途！"

1995 年 1 ~ 7 月间，北重集团承担了外援产品生产线通线任务，已是职场"大咖"的戎鹏强被派往援助地。

有一天，外方代表来到戎鹏强等人的工作现场，对他们加工出的几支身管，无论是表面质量还是内膛质量都表示肯定，但是，却对他们的工艺装备挑起刺来，问道："你们的工艺装备，怎么这么简单，还是用德国的吧。"

戎鹏强对世界各国的工艺装备都非常了解，他知道，德国工艺装备外表看起来很精致，实际上存在一些技术问题和设计上的缺陷，并不适合在我国制造的机床上使用。他对此虽然没有当面说什么，心里却暗自担忧：这样下去会出问题的。

果不出戎鹏强所料，在加工下一个批次的身管时，问题暴露了：由于刀体偏离中心轴线，造成身管直线度严重超差，如果继续加工，产品就会报废。在外方技术人员毫不知情时，被戎鹏强及时发现，他和中国专家探讨商量后，决定停止加工，避免身管试制报废事故发生。

眼瞅着这些千里迢迢进口、现在却即将报废的毛坯，外方技术人员和他们的领导干着急却没办法。这时候，戎鹏强站出来说："我建议使用中国制造的工艺装备进行修复，同时，我保证能修复成功。"外方技术人员喜出望外："真的吗？如果这样那就太好了！"

经过中外两国专家和技术人员反复磋商，最后决定采用中方专家和戎鹏强提出的挽救方案：使用中国制造的工艺装备进行修复。紧接着，戎鹏强换上国产刀具，经过4个多小时极为紧张和细心地操作，成功修复了即将报废的身管毛坯，质量完全达到技术要求。外方人员围了一大群，看着即将报废的身管变成了合格品，他们高兴地竖起大拇指！

身怀绝技 "跨界"出击

深孔镗是深孔加工中较难的工序，只有具备一定的专业知识和精益求精的精神，肯吃苦、善琢磨、敢上手，才能独立完成操作。戎鹏强入职伊始就把工余时间献给了与深孔加工有关的理论书籍。20多年前，互联网并不普及，能查阅的资料十分有限，再加上有关这方面的加工方法和技术资料相对较少，有些技术参数和方法只能在实际加工中去整理和总结。戎鹏强虚心学习，一点点地摸索、试验，才逐步掌握了高强度合金深孔加工技术。

深孔加工中最难的是超长小孔径身管加工，由于管体孔径小，加工时根本看不到刀具在零件内部的切削状况。为解决这一难题，戎鹏强总结出“摸、听、看、量”四字诀——“摸”，就是通过摸刀杆判断刀在行走时的状态；“听”，就是听机床发出的声音和硫化油流动的声音，判断机床运转是否正常；“看”，就是看铁屑的形状和电流表的读数，判断产品的直线度和光洁度；“量”，就是测量刀杆每分钟行走的距离，判断刀具作业尺寸精度。

包括“四字诀”在内的一整套深孔镗加工操作法，是戎鹏强几十年如一日苦心孤诣钻研的实践结晶，造就了他以“手”当“眼”的绝活，也成了他日后跳出火炮身管向深孔全领域“跨界”攀登的实操秘籍。

2012年的一个寒夜，戎鹏强刚睡着，电话铃骤然响起。电话里传来北重集团特种机械厂厂长急促的声音，他要戎鹏强马上赶到工厂会议室。

当戎鹏强赶到会议室时，一下子就感到气氛的凝重，除了工厂同事外，还有几位陌生来客。厂长介绍说，这几位是某航天科研院的客人，他们刚到，有重要的科研任务要交给北重。

科研院的负责人跟戎鹏强握了握手，开门见山地说：“我们必须使用这个产品，但是，这个产品加工难度极大，精度极高，全世界只有极少数国家能够生产，但人家不卖给我们。我们的订单在全国转了一圈无人敢接，听说你在业界有‘定海神针’的美誉，现在需要你这个‘神针’在‘针’里打洞，你愿意吗？”

“我愿意！”戎鹏强立即站起来，响亮地说，“我一定会尽最大的努力去做！”

“‘针’里打洞”，究竟要加工什么部件呢？戎鹏强马上拿着资料去研究。原来，这个部件要在长 8 米的高强度合金圆棒上打一个孔径 28 毫米的通孔，通孔只有成人大拇指粗细，而加工深度却有三层楼高。管体孔深长度与孔径长度之比大于 100 倍的圆柱孔，被称为超长径比深孔，而该产品的长径比却达到了惊人的 300 倍，称为“针”里打洞并不夸张，国外也只有一个国家生产过，这是一个世界级的深孔加工制高点。

这块“骨头”太难啃了！戎鹏强开始了艰难曲折的探索：加工过程中，由于孔径小、刀杆细长，真比绣花针绣花都要慢，稍有异常，就要退刀从头再来。他以蚂蚁啃骨头的精神，一毫米一毫米地向前推进。多少个不眠之夜，多少次烧脑苦思，终于，在一年半后，这个国家级难题被攻克。这项技术的诞生打破了国际垄断，填补了国内深孔加工领域的空白，使我国在该领域跻身世界前列，结束了我国高精尖武器研发无专业试验装置的历史，为孵化“大国重器”作出了开创性的贡献。

从新型坦克炮、新型海炮、陆军各式试验装备，到国家重点试验装备风洞装置等科研项目，戎鹏强不仅都出色完成了任务，而且还解决了加工变形、震动、出口偏等诸多技术难题，突破了高强度合金深孔加工技术，摸索出一条深孔镗全领域“跨界”创新之路。

责任担当 “三爱”致远

戎鹏强干起活来有钢的硬度，锋芒所指，攻无不克，但他对企业、对事业、对同事，却是侠骨仁心、爱之深沉。这几年，有不少私企老板开出高薪想挖走他，但都被他回绝了。他觉得自己掌握军工技术就要服务国防，虽然给私人老板打工收入会更高，但那不是自己的追求。

这些年，戎鹏强培养出了一批又一批高技能人才。他利用业余时间把自己多年积累的深孔加工技术方法诀窍，以及加工中容易出现的问题和相应的解决方法编写成《中口径火炮身管内膛加工方法》，作为操作指南和带徒标准进行推广，为徒弟快速成才开辟了捷径。他先后举办了多期技能培训班、高技能人才技艺现场演示会，通过经验交流、现场指导等方式，向徒弟们传授操作技巧和经验，使多名技能人才受益，他带出的徒弟很多已成为北重集团身管加工的骨干人才。

“深孔镗加工，最讲究的就是一个要正一个要直，干了这么多年，这两个字一直是我所追求的。”戎鹏强是这么说的，更是这么做的。他干事正直，做人正直，以自己的言传身教带徒弟，给徒弟们示范“工作即人生”的道理。徒弟们从戎师傅身上学会了“爱”——爱国、爱企、爱岗，学会了新时代工匠的责任担当。

从“超级工程”走出来的“大国工匠”——管延安

管延安 / 中交一航局第二工程有限公司总技师。

在港珠澳大桥工程建设中，33 节巨型沉管，60 多万颗螺丝，练就了管延安左右手拧螺丝均能实现误差不超过 1 毫米和听“音”辨隙的绝活儿，创造了零失误的深海奇迹。

管延安曾获“全国劳动模范”“全国五一劳动奖章”等多项荣誉。

一丝不苟 锻造“中国品质”

港珠澳大桥是在“一国两制”框架下粤港澳三地首次合作共建的超大型跨海交通工程。工程严格采用世界最高标准，设计、施工难度和挑战均为世界之最，被誉为“超级工程”。

在港珠澳大桥工程建设中，管延安作为岛隧项目V工区钳工班班长，主要负责沉管舾装和管内压载水系统等相关作业。对超级工程的敬畏让他更加专注于岗位技能的锤炼。管延安常说一句话：“质量无小事，要对质量工作心存敬畏。”他是这么说的，也是这么做的，在日常工作中，他带领工友用实际行动诉说着平凡与伟大，诠释了责任与奉献。

深海中安装阀门拧螺丝，与陆上作业要求天差地别，要做到不渗、不漏，接缝间隙必须小于1毫米，几乎无法用肉眼判断，管延安硬是凭着手上的感觉，创造了零缝隙的奇迹，甚至练就了“听”的绝活，只要用工具敲击拧过的螺丝，通过细微的声音变化就能判断出螺丝是否拧紧。

港珠澳大桥E28沉管安装，管延安和工友们本着追求极致、精益求精的态度，在3个小时里反复对接20多次。潜水员在海底测量复核100多次，超过以往10倍之多，出水刚减完压转身就得下水，一毫米一毫米地纠偏调整。管延安带领钳工班紧密配合、精心操作，最终创造了对接误差仅3毫米的极致纪录。

为了确保施工质量，管延安始终与管理人员、一线班组长保持无缝衔接配合，相互补位，多次组织技术攻关。例如，将钢板固定式导向托架工艺改为不锈钢人工可调螺旋式，实践后又增加装置，改进为自动液压顶推式，创造了世界最长外海沉管隧道“滴水不漏”的奇迹。

兢兢业业　追逐“中国速度”

沉管舾装作业中，导向杆和导向托架的安装也是高精度作业，要求接缝处间隙误差不得超过正负 1 毫米，他却能做到零缝隙。安装中，管延安带领班组同测量人员配合，利用千斤顶边安装边调整，从最初调整 5 或 6 次到最后只需调整 2 次就可以达到高精度标准。在港珠澳大桥工程建设中，他安装的沉管设备，成功执行了所有的海底隧道对接任务，无一次出现问题。

管延安习惯给每台修过的机器、每个修过的零件做记录，将每个细节详细记录在施工日志本上，遇到任何情况也会“记录在案”，里面不但有文字，还有自创的“图解”。从入行到现在，他已存了厚厚的 4 大本“图解档案”。工作闲暇之余，他会拿出来翻看温习，仔细琢磨研究，还会教授其他人，让大家不断提升职业技能，在工作中更能触类旁通，得心应手，共同提高工效。

在港珠澳大桥 E15 沉管第三次浮运安装期间，管内压载水系统突发故障，水箱不能进水，管节沉放只能暂停，必须要进入半浮在海水中的沉管内维修。危急时刻，管延安沉稳应对，带领班组人员快速开启“人”形孔盖板，并在管内检修期间高效清理盖板做好封实准备。从打开到封实“人”形孔盖板全程不超过 3 小时，效率之高令人惊讶。管延安说：“这都得益于我们之前无数次的演练，在每节沉管安装前要做至少 3 次演练。这是第 15 节沉管，我们至少做了 45 次演练！”

沉管出运前，需要用数天时间安装 9 节测量塔和人孔井。测量塔和人孔井的安装危险系数很高，沉管下沉到水深超过 40 米的海底，其高度要超过水深，而且安装必须要在深坞区进行。如果配合有误，会造成操作人员伤亡。管延安每次都非常谨慎，他指挥班组同塔吊司机做好配合，每吊一节测量塔，便指挥钳工班爬上去安装。他知道，几十米的高空作业，工友们是把身家性命交给了他。因此，他把每一次都当成第一次，每次他都指挥有序，熟练到位，每一次都圆满完成任务，并一次次地将安装时间有效缩短。

攻坚克难 铸造“中国品牌”

“津平 1”是当时世界上最大的外海抛石整平船，对 4 条 90 米高的桩腿进行润滑保养，一直是操作工人解决不了的难题。管延安带领工友们和技术人员攻关研讨，提出了自主研发润滑加油装置的思路。经过 1 个多月的攻关，成功研制出了“桩腿齿轮喷淋加油润滑装置”。这是一项包括了设备制造、技术创新和船机改造的多业务的创新成果，总共的制造成本不到 3 万元，比最初引进德国进口设备的方案节省资金 240 多万元。

如今，大桥建设圆满完成，回看整个沉管隧道施工，

7 年建设历程、33 节巨型管节、2 000 多个日夜坚守……管延安和其他所有港珠澳大桥岛隧工程建设的参与者，肩扛“为国造桥”的使命，把创新精神应用于“为国造桥”的实践，攻坚克难，打破国外技术垄断，连续鏖战 96 小时完成首节沉管安装，相继攻克深水深槽、强回淤、大径流等世界难题，创造了 1 年安装 10 节沉管的中国速度、最终接头最高对接偏差小于 1 毫米等海上施工奇迹，攀上了世界外海沉管隧道技术的巅峰。

◎ 港珠澳大桥，全长55千米，集桥、岛、隧于一体，创造了沉管隧道“最长、最大跨径、最大埋深、最大体量”的世界纪录。

| 历史薪火 |

黄道婆

黄道婆 / 宋末元初著名棉纺织家和技术改革家，中国古代棉纺先驱，被尊为中国布业始祖。她改良纺车，为松江府（相当于今上海市）赢得“衣被天下”之名。

黄道婆，松江府乌泥泾（今上海市华泾镇）人。她出身贫苦，早年流落崖州（今海南岛），向黎族人学会运用制棉工具和织崖州被的方法。元初元贞年间（1295~1297），黄道婆重返故乡，在松江府以东的乌泥泾镇教人制棉并传授和推广棉织技术，使乌泥泾和松江一带的人民迅速掌握了先进的织造技术，棉纺织品制造业呈现出空前盛况，松江府也因此成为全国最大的棉纺织中心，历经数百年而不衰。

在《辍耕录》中，陶宗仪具体指出了黄道婆推广的四项技术，即“捍”“弹”“纺”“织”。

所谓“捍”，就是擀棉籽。棉花摘下来后，第一步是要去掉棉絮里的棉籽。黄道婆重返故乡时，当地植棉业、纺织业虽然已经有了很大的发展，但纺织技术仍旧非常落后。当时，松江一带的人还是用手工剥除棉籽的，费时又费力。在黎族踏车的基础上，黄道婆和当地木匠合作发明了专门脱棉籽的“搅车”，这样可以通过手摇或脚踏将棉籽挤出来，使脱棉籽的效率得到了根本性提高。

所谓“弹”，就是弹棉花。棉花脱籽后，要进行膨松。以前的办法，是用一把一尺长的小弓，用手指不停拉弦，弦震动棉花，使其膨松。因弹弓太短，效率低下。黄道婆改成了大弓，弦约有四尺长，不再用手指拨弦，而是用棒槌击打。如此弹棉花，不仅提高了效率，弹出的棉花也均匀细致，提升了纱和布的质量。这样的弹花弓，直到 1 000 多年后的今天，仍在一些乡村使用。

所谓“纺”，就是纺线。黄道婆的一个重大技术革新是发明了脚踏三锭纺车，它不但可以同时纺三根纱，而且脚踏的方式解放了双手，让纺纱的效率大为提高，质量也更有保证。可以说，这是当时世界上最先进的纺纱车，轻巧省力，功效倍增， 是黄道婆对纺织工具作出的最杰出贡献，后被命名为“黄道婆纺车”。这一技术，比当时的欧洲要更为先进。

所谓“织”，就是织布。黄道婆有着数十年的棉纺织经验，她总结出一套完善的“错纱、配色、综线、絜花”的工艺流程，简单来说就是把棉纱染色，然后通过提花技术织造成带有各种图案的棉布，由此开发出众多图案精美、色彩艳丽的棉纺织品。乌泥泾所产的被、褥、带、帕等棉纺织物的表面，出现了折枝、团凤、棋局、字样等符合中国人审美要求的花纹图案，鲜艳活泼，栩栩如生，深受人民群众的欢迎。

黄道婆用先进的纺织机械，制作出精美的“乌泥泾被”等产品，名闻四方。由于乌泥泾棉布行销日广，千户农家和手工业者的生活大获改善，乌泥泾很快变成了富庶之地。周边各县诸如太仓等地的手工业者，纷纷来乌泥泾取经，学习经黄道婆改良后的棉纺技术，生产出色泽丰富、品种繁多的棉纺织品。江南地区棉纺织品的产量有了空前的提高，成就了松江棉布的名声。

黄道婆的棉纺技术，从元初形成至明初，短短百年，已成为江南经济的支柱，成为民众生计的依靠。明代的松江府由于人口激增，土地稀少，于是税粮不足，只能取之于手工，全赖

棉业，以布代粮。在很长一段时间里，松江府各地，无论是农村还是城中，纺车转动不停，机杼之声不断。据正德《松江府志》记载：纺织不止村落，虽城中亦然，织者率日成一匹，有通宵不寐者。里媪晨抱纱入市，易木棉以归。明旦复抱纱以出，无顷刻间歇。

| 精神图谱 |

爱岗敬业

爱岗敬业是人类社会最为普遍的奉献精神。爱岗就是热爱自己的工作岗位，热爱本职工作；敬业就是要用一种恭敬严肃的态度对待自己的工作。爱岗敬业就是要做到忠职于心、履职于行，脚踏实地、奋楫争先，尽职尽责、甘于奉献。

伟大出自平凡，平凡造就伟大。古往今来，爱岗敬业的典型事例不胜枚举。那些我们身边的先进和典型，坚守初心使命，以一种不服输的精神和敢于争先的态度，干一行、爱一行、钻一行、精一行，在成就自己的同时，也为企业、为社会创造了巨大财富。他们用爱岗敬业为我们生动诠释着“工匠精神”。

◎ 素纱单衣　西汉

1972 年马王堆一号汉墓出土，衣重 48 克。其衣料为轻薄的没有染色的平纹方孔丝织物素纱，素纱丝缕极细，如果除去袖口和领口，单衣的重量只有 20 多克，折叠后甚至可以放入火柴盒中，可谓“薄如蝉翼，轻若烟雾”。素纱单衣代表了西汉初养蚕、缫丝、织造工艺的最高水平。现藏于湖南博物馆。

第四篇

抱诚守真

——言不信者行不果

要更加重视青年人才培养，努力造就一批具有世界影响力的顶尖科技人才，稳定支持一批创新团队，培养更多高素质技术技能人才、能工巧匠、大国工匠。

2021 年 5 月 28 日

习近平在中国科学院第二十次院士大会、中国工程院第十五次院士大会、中国科协第十次全国代表大会上的讲话

| 时代星座 |

以责任和担当淬炼“匠心”
——戴振涛

戴振涛 / 大连船舶重工集团有限公司军品总装二部钳工班长。

作为我国辽宁舰、山东舰两艘航空母舰建造的参与者，戴振涛用10年时间反复测量、计算、调整，换来了上百万的数据，这些数据成为安装航母阻拦机最重要的支撑。戴振涛兢兢业业，用责任和担当淬炼出一颗良工的“匠心”。

戴振涛被评为2019年“大国工匠年度人物”，曾获“全国技术能手”“全国五一劳动奖章”等多项荣誉。

细致入微 终成“大拿”

“小时候，每当看到巨轮从船台入水，都觉得特有气势。”戴振涛说。戴振涛的父亲也是一名船厂工人，每次船舶建成，船厂都会邀请参建工人的家属参加下水仪式，这在戴振涛的心中产生了强烈的震撼。

1996 年，从船舶钳工专业毕业的戴振涛成为一名普通的钳工。船舶钳工的工作现场在船舶的“心脏”——机舱，其中舵机位于船舶艉部舵机舱内，关系到船舶航行安全，重要性不言而喻。

为承担起这份沉甸甸的担子，戴振涛刻苦钻研施工图纸、设备说明书，无论是检修设备还是运行新设备，他都在现场仔细观看、动手实践，虚心向经验丰富的师傅请教。就这样边学边干，戴振涛快速成长为能独当一面的技术骨干。

戴振涛说：“最开始我想，‘别人会的，我也要会’。后来干得多了，就想‘能不能有更好的方法’。”

2012 年 11 月 23 日，歼 –15 战斗机第一次在辽宁舰的甲板上被阻拦索稳稳拉住，成功着舰。

“当初安装阻拦机时，完全是摸着石头过河。”戴振涛说。2010 年，戴振涛和他的班组接到了我国第一台航母阻拦机的安装任务。航母阻拦机的作用是帮助舰载机降落着舰，用一根钢索，在 3 秒内将重达 20 多吨、时速高达 250 千米的舰载机拉住，使其瞬间平稳地在甲板上停下来。

阻拦机中每个装置的安装精度都可能对舰载机和飞行

员的安全产生重要影响。阻拦机横跨船尾左右舷，装备巨大，但仅导轨的水平精度，就要求每米不超过一根头发丝六分之一的误差。为此，戴振涛带领班组反复地对各项数据进行测量、计算、调整，天气、风向、载重等因素变化都要考虑在内。

经过坚持不懈地攻坚，戴振涛和他的班组先后完成了机舱动力设备、舵机、汽轮冷水机组、全船生活保障设备、特装设备等600余套设备的安装和调试工作，尤其在飞机起降特装设备施工中，完成了核心设备飞机轮挡止动装置、偏流板装置、阻拦机装置的安装及调试工作，使其在各种工况下经受住了考验。在施工现场，大家常称赞戴振涛是辅机舵系安装调试的“大拿”。

2012年9月25日，我国第一艘航空母舰辽宁舰正式交付，那天刚好是戴振涛34岁生日，这份“生日礼物”让戴振涛一生难忘。

缩短周期 节省费用

戴振涛梳理以往的施工经验，统计施工数据，创新提出施工前移、安装工艺的改进，把以往货油泵在船体坞内合拢阶段的施工任务前移到船体总组阶段进行，把水下找正工作移到下水前进行。通过一系列工序的创新，不仅减轻了人员的劳动强度、改善了施工环境、降低了建造成本，而且大幅缩短了建造周期。

在某船绞孔施工中，他发现有些问题影响施工进度，而且大大增加劳动强度。经过反复研究和试验，他大胆创新了技术环节，保证了施工进度。据不完全统计，这一操作工法的创新在保证工作质量的同时，为该道工序的完成节约工时 288 个。

戴振涛说："把平凡的事做好，不断学习提高的同时，我也希望能将技能传授给年轻人，为集团、为国家建造出更多更好的船舶。"

◎ 航行中的辽宁舰

人民币上的手指舞者
——马荣

马荣 / 中国人民银行中钞印制技术研究院工艺美术师。

马荣是我国第一位雕刻人民币主景人像的女雕刻家。她是第五套人民币 1999 版和 2005 版 50 元、20 元、10 元、5 元和 1 元券毛主席像雕刻作者，也是第五套人民币 2015 版 100 元券毛主席像雕刻者。

马荣曾获“全国金融五一劳动奖章”“中国质量工匠”，国际钞票设计师协会颁发的“雕版凹印终身成就奖”以及中国防伪印刷“终身成就奖”等多项荣誉。

坚守初心　从未停歇

1981 年 3 月，马荣正式开始学习手工钢凹版雕刻，她的师傅是专家级装饰雕刻师、我国第一位女雕刻家赵亚芸。赵亚芸对徒弟非常严厉，她知道雕刻最忌浮躁，那时马荣和同学们都很年轻，为了磨炼他们的性子，每次开始工作前，师傅都要在每人面前摆一杯水，让他们静静地观察水杯里的水，体会那种静若止水的境界。沉下心后，才让他们练习雕刻基本功。

1984 年，赵亚芸接到第四套人民币 10 元券正面装饰的任务，她按自己的想法做了一块实验版，同时，她把自己的另一个想法告诉马荣，让马荣通过自己的理解也做一块实验版。一个半月后，马荣和赵亚芸完成了各自的实验版，赵亚芸把两块版的优点综合起来，完成了正式版的雕刻任务。这次共同创作，马荣在师傅身上不仅学到了技艺，更学到了师傅追求完美、精雕细刻的工匠精神。

20 世纪 80 年代，辞职下海的人很多。既有绘画、设计功底，又掌握雕刻、制版技艺的人很受欢迎，马荣的同行纷纷辞职下海，同期进入设计室的人所剩无几。当时，马荣的油画作品成为法国收藏家追逐的目标，有不少亲友劝马荣转行，但马荣认为，钞票上的人像雕刻代表着国家形象，还有比这更能体现自己的职业价值的吗？

马荣不但选择了坚守，还考入中央美术学院深造，完成了文字、装饰的雕刻学习。由于专业成绩突出，马荣被推荐提前进入人像雕刻的学习。在雕刻界前辈吴彭越、宋广增、苏席华的教导下，马荣踏上了向往已久的人像雕刻之路。1991 年，在国外钞票人像雕刻任务中，马荣的作品夺得第一名，并被正式选用，这对她是一次极大的鼓舞。

由于技艺精进，马荣很快进入了纸币人像的雕刻。雕刻前，首先由专业画家在纸上画出素描稿，审批后交给雕刻师作为参照，然后在钢板上进行刻画。凹版雕刻有一个特点，就是不允许出现任何偏差，中间如果任何一个点或一个线刻坏了，之前几个月的努力都将归零，推倒重来。不过，马荣从没在正式的钞票人像雕刻中出过差错，为了保持雕刻的功力，马荣每天都要训练，这种训练在马荣 40 多年的雕刻生涯中从未停歇过。

坚持不懈 终夺冠军

1997 年，马荣迎来雕刻生涯的重要转折——第五套人民币毛泽东主席肖像原版雕刻进入攻关阶段，这是新中国成立后毛泽东主席头像首次独立成为人民币的正面主景，印钞系统组织了多位雕刻师进行竞争性创作，其中包括马荣。

接到第五套人民币毛泽东主席肖像原版雕刻任务后，马荣十分兴奋。两套人民币印制之间周期很长，往往要等十几年，对雕刻师而言，可能一辈子也赶不上几次。为了探索凹版雕刻人像新型印刷工艺的规律，马荣决定同时雕刻两块钢板，这也意味着马荣要比别人多出一倍的工作量。

攻关的三个月里，马荣每天工作十三四个小时，常常早上打好的一杯开水，放到傍晚却一口没喝。工作中，她发现可以通过雕刻版纹间隔线的方法，控制油墨流动性，改善常年影响印钞质量的滋墨现象，提高钞票印刷质量。虽然这样做会增加工作量，但马荣觉得创作一种高质量的雕刻作品更重要。

经过三个月的艰辛创作，马荣的人像雕刻作品最终夺冠，并分别应用于第五套人民币 50 元、20 元、10 元、5 元和 1 元人民币上。使用雕刻版纹间隔线的方法来控制油墨流动解决印刷适应性问题是由马荣首次提出的，在此后的数年中不断完善，如今被钞票原版雕刻广泛应用。

2001 年，马荣进入中国印钞造币总公司设计制版中心，这里精英云集。也是这一年，新组建的制版中心引进改造了钞票原版制作工艺，原版雕刻也随之改革，进入了计算机时代。这个时候马荣的手工雕刻技艺进入巅峰期，但传统手工原版雕刻忽然间成了制约行业发展的瓶颈，对马荣心理上造成的震撼是巨大的。

◎ 1999 年版第五套人民币 50 元纸币图样

◎ 2015 年版第五套人民币 100 元纸币图样

不能在时代的发展面前逃避，更不能让人民币雕刻水平的国际声誉受损。马荣不惑之年从零开始，自费购买了当时价格昂贵的电脑，在家自学图形软件操作。当单位引进先进的专业软件后，马荣已经可以从容应对计算机这个“新事物”了。学习手工凹版雕刻马荣用了十年，学习计算机凹版雕刻，马荣用了不到两年。其实，技艺的精华并非依附在工具之上，仍需平时的功力做支点，掌握了计算机制版规律后，马荣找到了手工雕刻时从未有过的自由和创作空间，工具的改变为雕刻师的创作带来了一次革命性的解放和激发。2015 年 11 月，第一张全数字化雕刻技术的百元钞票从凹版印钞机中诞生，并随后投入使用，这就是人们现在常说的“土豪金”百元钞票。

2016 年 9 月，马荣受意大利国际雕刻师学院邀请，前去授课。作为中国一名普通的女雕刻师，能向来自世界各国的专家学者讲述中国钞票蕴含的东方文化，马荣感到使命重大而光荣。在意大利授课期间，马荣和世界各国的同行探讨交流金属凹版的手工雕刻技术精髓，还获得国际钞票设计师协会颁发的“雕刻凹印终身成就奖”。

在讲课过程中，马荣向外国同行展示了用全数字化雕刻技术制作出的新版第五套百元钞票，向他们讲解这套人民币的防伪特点，钞票能看到点与线交织产生的特殊反光，宛如浮雕，用手指触摸，还有凹凸感。同行们都为中国印钞技术的先进水平赞叹不已。

让马荣自豪的是，她 1998 年创作的毛主席肖像原版雕刻钢板，被作为国宝级的物品进行特级保护。央视某栏目邀请马荣做节目，她首次向世人公开了那块神秘而宝贵的毛主席肖像原版雕刻钢板。

货币是国家的名片，是一个国家技艺文化与艺术文化的融会。从事这项工作必须耐得住寂寞，还要有保密意识，因此，挑选合格的接班人也是一个艰难的过程。现在这个时代精彩纷呈，能耐得住寂寞的年轻人越来越少，有的学生干不了几天，就嫌太枯燥撂了挑子，但也有能静下心来又有艺术潜质的好苗子。

马荣经常对学员们说，现在你们赶上了好时代，随着我国经济的发展，国力的强盛，人民币的国际化趋势不可阻挡，作为货币雕刻师，更应为人民币的国际化之路尽一份力，让人民币“微笑”着走向世界。

双手托举中国大飞机梦
——胡双钱

胡双钱 / 中国商飞上海飞机制造有限公司高级技师。

胡双钱主要负责 ARJ21-700 飞机项目零件生产、C919 大型客机项目技术攻关及青年员工的培养。工作 30 多年来，生产了数十万个飞机零件，从没有出现过任何差错，享受到产品免检的待遇。

胡双钱曾获“全国五一劳动奖章”“全国劳动模范”等多项荣誉。

父母期望 积累磨炼

1960年7月，胡双钱出生在一个普通的工人家庭。也许，在父母的眼里，“技术”就是一门“手艺”，一门能够谋生的手艺。父母希望他能学会一门手艺，掌握一项可以安身立命的技术。在父母的教诲下，成为一名技术工人的梦想，早早地在胡双钱心里扎下了根。

1977年，胡双钱中学毕业，如愿进入了5703厂技工学校（上海飞机制造厂技校）。在技校学习期间，胡双钱跟着老师参与了运-10飞机零部件的加工生产，有了一次难得的实践机会。他十分珍惜这次机会，虚心向师傅请教，苦练操作技能，从不轻易放过每一个问题。由于飞机的零件加工都是一些精度要求高、技术难度大的精细活，他从中学到了许多技巧和方法。功夫不负有心人，经过理论学习和技术钻研，胡双钱很快就能独立操作了。

20岁那年，上海航空工业（集团）有限公司组织技术大赛，年轻的胡双钱积极报名参赛，在赛场上一鸣惊人，取得了第四名的好成绩。后来，凡是遇上技术比赛，胡双钱就踊跃报名参加，因为他想通过这一平台不断学习、不断钻研、不断提高。正如胡双钱所说，精湛的技术是靠长期的积累磨炼出来的。

从技校毕业后，胡双钱被分配到5703厂飞机维修车间，每天可以近距离地接触飞机，别提有多兴奋了。刚到飞机维修小组，他每天的活多半是跑工具间，来回取送不同的工具。

虽然这工作简单而枯燥，但胡双钱没有不乐意，而是认真地做好每件事。他认为，要掌握好技术，就得从学会准确分辨和了解工具开始。一段时间后，他便对工具的用处了如指掌。实习期满后，胡双钱来到了数控车间钳工组。在车间里，他从不挑活，什么活都干，通过完成各种各样的急件、难件，他的技术能力也在慢慢积累和提高。

身体力行 精益求精

三十多年间，胡双钱加工过数十万个飞机零件，从没出现过一个次品。要做好一件事，不难；要做好一天的工作，也不难。但是，要在三十几年间，不出差错，做好每一件事，却是难上加难。对于这个令人震惊的纪录，胡双钱很淡定，没有什么豪言壮语，有的只是平淡的两个字：用心。

2008 年 5 月 11 日，中国商飞公司在黄浦江畔成立，中国人的大飞机梦再次被点燃。胡双钱意识到：实现自己梦想的时候也到了。

胡双钱又忙了起来。为了让中国人自己研制的民机早日在祖国的蓝天上翱翔，他常常一周有 6 天都在数控机加工车间里，打磨、钻孔、抛光，继续书写着无差错的记录。

在他加工的零部件中，最大的将近 5 米，最小的比曲别针还小。有一次，在加工某定位圈时，零件的直径小，零件定位直口的孔径更小，而孔径深度尺寸又较长，孔径的公差要求高。当时，加工完孔径的内圆尺寸后，内径无法进行打表测量，也没有专用量具。胡双钱反复琢磨，找出了一种测量内壁尺寸的方法：用块规加上标准的圆柱销进行辅助测量，通过一次次打表测量，直到符合图纸的加工要求。最终，他圆满地完成了任务。

胡双钱不仅要按工作计划加工形状各异的零部件，有时还要临时“救急”。一次，厂里急需一个特殊零件，从原厂调配需要几天时间，为了不耽误工期，只能用钛合金毛坯在现场临时加工。这个零件的精度要求是0.24毫米，这样的零件本来要靠先进的数控车床来完成，但当时厂里没有匹配的设备，胡双钱艺高人胆大，硬是靠着自己的双手和一台传统的铣钻床，用了一个多小时，打出36个孔，

◎ C919大型客机是我国按照国际通行适航标准研制、具有完全自主知识产权的全球新一代单通道干线客机，于2007年立项，2017年首飞，2022年9月29日取得中国民航局型号合格证（TC证）。C919大型客机研制成功，标志着我国具备自主研制世界一流大型客机的能力，是我国大飞机事业发展的重要里程碑。

并且零件一次性通过检验。

在 C919 首架数百万个零部件的大飞机上，有 80% 是我国第一次设计生产的。胡双钱凭借多年积累的经验和对质量的执着追求，大胆创新零件制造工艺技术，在一次次的手工试验中打磨出“天上飞”零件的最优解。

大飞机作为“国家名片”，是中国梦的重要组成部分。打造好这张“国家名片”，离不开一大批高技能人才，离不开像胡双钱这样的“大国工匠”，用踏实的劳动铸就“中国梦”。

| 历史薪火 |

马 钧

马钧 / 字德衡，三国时期曹魏发明家，是中国古代科技史上最负盛名的机械发明家之一。他的不少发明创造对当时生产力的发展起了相当大的作用。

据古籍记载，马钧本是一个穷人家的孩子，其貌不扬，不善言谈，少年时代生活很苦。但他很聪明，而且爱琢磨机械制造方面的问题，因此他一生中有几项非常了不起的发明。

他的第一项贡献是改造丝绸提花织机。我国汉代时已经能生产表面光洁的提花丝织品——绫。但织绫是一件非常不容易的事，当时的织机极其笨重，用起来耗工耗时，绫上的美丽花纹，不知凝结了织女们多少汗水。

马钧见到织女们纺织如此辛苦，决定对织机进行改造。他深入生产实践中，对旧式织机进行认真研究，重新设计了一种新式织机。新式织机简化了部件，改进了织绫的程序，却让织出的绫更精致、更美观、更自然，花式也更多。由于新式织机简单适用，生产效率比原来的织机提高了四五倍，因此受到了广大织女们的欢迎。

此后，马钧还重造了指南车。传说指南车是当年黄帝大战蚩尤时，黄帝所造。东汉时，大科学家张衡曾根据传说重造了指南车，可惜制造方法没有流传下来。魏明帝时，马钧接到命令，再次重造指南车。在没有资料和模型的情况下，经过刻苦钻研、反复试验，马钧竟然很快便制造出了指南车。从此，“天下服其巧也”。

除了指南车之外，马钧还发明了一种可用来灌溉的翻车。当时，马钧正在魏国的洛阳做一个

小官，为了开垦菜园，解决浇水问题，他经过反复研究、试验，终于创造出一种翻车，能把河里的水引上土坡，从而解决了灌溉问题。“其巧百倍于常”，正是因为这种翻车有很强的实用性，因此直到20世纪，我国有些农村地区仍在使用它。

马钧还成功地创造了“水转百戏”——即在舞台的下面安上一些传动装置，借助水力的推动，使舞台上层所有木偶都能动起来；他还改进了据称是诸葛亮发明的一种连发远射武器——诸葛弩，经他改进后的弩，据说在三国时期的战争中发挥的威力远超诸葛弩；他还设计过一种新式轮转式抛石车，可以连续把几十块砖瓦抛出几百步远，威力极大。

虽然马钧一生的发明创造颇多，深受广大人民群众的欢迎，但同时，他也受到了当时一些学者的责难和王侯的冷遇，一生不得志。魏晋时期的文学家、思想家傅玄对此感慨万分，他说，马钧之才不输于鲁班、墨翟，但鲁班、墨翟曾有机会得到重用，马钧却得不到这样的机会，并称马钧为“天下名巧”。

| 精神图谱 |

抱诚守真

抱诚守真，意思是志在真诚，恪守不违。工匠精神，一方面传承了我国数千年的工匠文化及匠心品格，另一方面也承载着新时代的新特点、新内涵和新要求。在抱诚和守真中传承和培育工匠精神，一是我们必须明白抱诚的是什么，在职业定位、个人职业生涯发展规划中都需要我们优先做好本职工作，把自己担负的工作任务兢兢业业地完成好，按每一道工序的要求一丝不苟地做到精准细致，并且在本职工作中学习成长；二是懂得守真的内涵是什么，是初心，是使命。

对于工匠而言，抱诚守真主要有以下两方面的要求：首先要真诚，对自己的工作要坦诚以待，付出真心，以虔诚和严谨的态度钻研。二是要坚守，干一行、爱一行、钻一行、精一行，耐得住寂寞，禁得住诱惑，不浮躁，守住初心，肯下功夫，这样才能成为新时代工匠精神的践行者。

◎ 金嵌珍珠天球仪 清乾隆

天球仪由座、支架和天球三部分组成。天球球体用珍珠镶嵌28星宿、300个星座和2 200多颗星，并阴刻紫微垣、天市垣和太微垣。围绕球体装有赤道环和地平环，北极还有时辰盘。九龙环绕的四足金支架支撑着球体，下置四兽足环座，座上有东、南、西、北四象字，座心为罗盘（指南针）。此器是流传至今唯一一件以黄金制成的天球仪模型，弥足珍贵。现藏于北京故宫博物院。

第五篇

德艺兼修

——一片丹心图报国

各级党委和政府要高度重视技能人才工作，大力弘扬劳模精神、劳动精神、工匠精神，激励更多劳动者特别是青年一代走技能成才、技能报国之路，培养更多高技能人才和大国工匠，为全面建设社会主义现代化国家提供有力人才保障。

2020 年 12 月 10 日

习近平致首届全国职业技能大赛的贺信

| 时代星座 |

逐梦深蓝的“深海匠人”
——周皓

周皓 / 中国科学院深海科学与工程研究所高级技师。

深海所研发的都是万米以下海底的高精尖产品，周皓至今仍保持着零件加工制作零失误的记录。他设计制造的搭载装置，使我国成为世界上首个获取万米级海洋人工地震剖面的国家。

周皓被评为2019年“大国工匠年度人物”，曾获“全国劳动模范”“全国五一劳动奖章”等多项荣誉。

2020 年 11 月 10 日，马里亚纳海沟。

4 时 50 分，中国首艘全海深载人潜水器“奋斗者”号向海洋最深处发起冲击。

7 时 42 分，“奋斗者”号突破万米海深。

8 时 12 分，“奋斗者”号成功坐底，抵达洋底深处 10 909 米……

看着电视里的现场直播，中国科学院深海科学与工程研究所（以下简称“深海所”）钳工周皓落泪了。一方面是激动，另一方面对周皓来说则是遗憾。

受新冠疫情影响，周皓没能参加“奋斗者”号最终的组装工作，而在此之前，他已经精准完成了 6 次“奋斗者”号载人球舱的压力测试任务。

从关键设备实现国产化的“深海勇士”号，到标志着我国具有进入世界海洋最深处开展科学探索和研究能力的“奋斗者”号研制及海试成功，周皓有幸见证了中国万米深潜的光荣与梦想。

“探索一号” 护驾远航

2016 年 6 月，我国“探索一号”科考船将要在马里亚纳海沟挑战者深渊进行首次综合性深渊科考。

作为一名钳工，周皓跟随科考船随航保障，他负责维护科考船上的装备，修复可能出现的零件故障问题，确保科考船的正常工作。

长 94.45 米、宽 17.9 米的“探索一号”，是一座移动的“海上实验室”，它不仅能开展多学科、多种实验，还能很好地保存各种样品和数据。

更令人瞩目的是，“探索一号”搭载了许多核心深海科研设备和探测仪器。比如，万米级自主遥控潜水器“海斗号”、深渊着陆器“天涯号”与“海角号”等诸多精密仪器。

此次“探索一号”科考的主要目标，就是对这一系列万米级深海实验装备和探测器进行验证，并探秘地球海洋最深处——马里亚纳海沟。

对周皓来说，这次航行异常艰难。前七天，他吃不下一口东西，除了工作就是吐，饿得眼睛直冒金星。52 天的航行中，周皓在船上站也站不住，躺也躺不稳。

然而，这些还不是周皓遇到的最头疼的问题。

航行期间海况复杂多变，有时一个浪打来就能让重达数吨的设备损坏。遇上这种情况，周皓必须紧急维修设备。

那次远航中，科考船上的“万泉”号深渊着陆器的定时释放器锁紧装置临时出现故障，而当时科考船上没有现成的零件和机械加工设备。

怎么办？紧急之下，周皓拆下了 10 毫米厚的不锈钢电子舱盖板，用纯手工打磨的方式，一点一点将钢板磨成一个全新的零件。

行内人都知道，不锈钢类材料是机械加工中最难的部分，更别说人工打磨了。那一次，周皓拖着虚弱的身体，用 40 多个小时打磨零件，最终，修复完好的“万泉”号成功通过了万米深渊的考验。

事实上，在这次出海前，周皓只有三个月来建立对深海的认识。

周皓在来到深海所之前，一直是煤矿开采设备领域的钳工。十几年在煤矿机械设备上的深耕，已经让他熟练掌握车、铣、刨、钻、镗等多个机械加工设备的操作技能，老东家称他为“建厂 70 年来唯一一个所有设备都会操作的工人”。

2016 年到深海所后，周皓面临的是一个全新而未知的专业技术领域。在海水中，每深 10 米，物体承受的压力就多一个标准大气压。如果潜水器下潜到 1 万米深度，所承受的压力相当于一个指甲盖大小的面积上压 1 吨的重量，对设备要求极高。随着认识的加深，周皓的技术储备开始发挥作用。

深潜海底　攻克难题

人们常把“五洋捉鳖”和“九天揽月”并列，因为深海的“深”和太空的“远”一样，常人难以企及。

深海设备要应对低温和超高压的极端环境，对材料衔接的密封技术和抗压性要求非常高。因此，科学家即便有了想法，如果没有工程技术研发出来的装备仪器去支撑，进一步的深入研究也没法展开。

1986 年，我国第一艘载人潜水器——7103 救生艇研制成功，它的下潜深度只有 300 米。2012 年，中国自行设计的“蛟龙”号载人潜水器成功下潜至 7 062 米，让中国具备了载人到达全球 99.8% 以上海洋深处进行作业的能力。

从 300 米到 7 062 米，在不到 30 年的时间内，中国在深海装备领域取得了诸多突破性进展。可以说，正是近几十年深海装备制造领域的技术创新将我国深潜科考带到了万米以下。

在深海所的这些年，周皓根据深海工作的需要，对一些装备的零部件进行加工、组装、调试，一一解决发现的问题。除了改进零部件，他们还要根据科研人员的需求和技术性能指标的要求做出一些新的零部件。深海所使用的深海科研装备都是自主研发的非定型产品，所以每个零部件的加工都是难度甚大的“首件加工”。周皓已成功解决约 200 项海试科研装备技术的难题，合理升级改造约百项海试设备。

2016 年，他为“天涯”号深渊着陆器设计制造的万米级海水取样搭载装置，成功获取了 120 多升万米海水样品和 20 多升原位海水样品。

另外，他设计制造的生物诱捕装置，加装在“原位实验”号深渊着陆器上，在雅浦海沟 7 884 米深度捕获狮子鱼，是国内首次、也是当时国际上在雅浦捕获深度最深的狮子鱼。

自 2016 年进入深海所以来，周皓先后为深海科考创新制作了原位固定装置、水下摄像机滑动可调角度固定装置、万米水下陶瓷摄像机加压密封装置、大型开合式自锁生物诱捕装置等多项设备，成功解决了诸多深海装备制造技术难题。

装备的完善和探测技术的提高，为科学研究提供了有力的数据和样品支撑。

2019年12月，一份珍贵的深海礼物——一段来自马里亚纳海沟附近的重力柱沉积物样品被无偿分发给全国10余家单位的19个相关领域研究团队。如此珍贵的样品，在国际上属于首次获取。如此大范围的科研样品分发，让在场的科研人员都兴奋不已。一手样品，无论对哪个学科来说，都是最佳研究对象。只有用一手的东西，才更有可能做出原创性成果。而没有样品，就只能通过国外文献获得的数据进行研究，局限性很大。

精益求精 薪火相传

周皓参与保障了3次马里亚纳海沟的深渊科考任务，至今保持着零件加工制作零失误的纪录。其中一次，赶上太平洋的冬季季风，风浪大到连站稳都难。就连常年出海的船员都吃不消，更糟糕的是，一个巨浪打上甲板，把已经准备完毕的43套海底地震仪全部打飞，破损严重，而此时，船上却没有那么多备件可换。

出海科考计划安排得紧凑，设备坏了必须及时修复，否则会影响接下来的科研任务。为了抢修，周皓26个小时连续工作，终于在第二天凌晨5时修复完毕，保证了第一条测线的正常布放，最终使中国成为世界上首个获得万米级海洋人工地震剖面的国家。

周皓说："在机械行业里面，从来就没有差不多就行了。我始终认为，差不多就是差很多。"不论图纸上的数据是多少，加工之前他总要再检验一遍，一个零件哪怕已经加工了 10 遍以上，每一次他还是会琢磨哪里能更好。

早在工作之初，周皓的师傅就曾对他说过一句话：“吃得苦中苦，方为人上人。”而现在，他也把这句话讲给了他的徒弟们。

一次，一台进口的激光拉曼设备亟待改造升级，周皓带着两名徒弟匆匆赶来，一边研究设备故障，一边现场教学。他只提示了一些线索，让学生们自己发现问题，并思考解决办法。

“当时，我觉得皓哥这么做太耽误事，可是当我们经过独立思考改造好这台设备后，感觉就完全不一样了。”周皓的徒弟赵民柏说：“现在我们遇见困难不再依赖皓哥，而是自己查资料，想办法解决，直到山穷水尽时，才会去请教皓哥。”

长达数月的出海，然后回到陆地继续工作，再次出海，如此往复。周皓现在的生活像潮汐一样规律。

在马里亚纳海沟进行海试工作的时候，周皓未能赶回家陪孩子过生日，他就地取材把船上装蔬菜的泡沫箱做成五角星，拴到了即将深潜的设备配重笼的下面。随着深海压强的增加，泡沫箱制作的五角星体积缩小、密度增加最终被压缩硬化，形成了海星的形状。回去后，周皓骄傲地告诉孩子，这是来自海洋深处的礼物。

“能用学到的技能为国家做点事，产业报国，技能报国，自己的人生很有意义。”周皓说。“奋斗者”号挑战了地球海洋最深处后，把人类探索深渊推进到了常规科考的阶段，以后会有大量宝贵的数据和发现。未来的深海图景将会变成怎样？周皓希望越来越多的深海装备出现在大洋之中，发现更多深海数据，为建设海洋强国作出贡献。

◎ “奋斗者”号全海深载人潜水器

导弹点火的“把关人”
——洪海涛

洪海涛 / 中国航天科工六院红岗公司特级技师。

洪海涛长期从事固体火箭、宇航武器的新发展、新需求重点型号产品的燃烧室壳体、点火装置、水压紧固件生产机械加工等工作。他将“车削生鸡蛋”的绝活用于火箭发动机核心零部件的加工生产，一举攻破这一加工技术难题，圆满完成加工任务。导弹发射，千万里征途，离不开他控制的0.01毫米。

洪海涛曾获“全国技术能手”、中国航天科工集团“青年岗位能手”等多项荣誉。

一双巧手 一颗匠心

导弹发射点火的那一瞬间，迸发出的能量有数百吨，而控制这巨大能量的“总开关”，就是只有拳头大小的点火器。洪海涛要打磨的就是点火器上的小孔——点火孔。点火孔小得只能容下一粒黄豆，里边的贴合度必须达到 95% 以上才能保证正常点火。要实现 95% 以上的贴合度，就要把点火孔表面高低差控制在 0.01 毫米内，否则点火器就不能正常作业，该点火时点不着，不该点火时可能会因静电摩擦自动点火。而要达到这样的加工精度，对操作者的要求近乎苛刻，需要人的眼力和手感达到 100% 和机器测量吻合。

再硬的材料，打磨成 0.01 毫米的薄壁都会软化变形，怎样才能实现软工硬做？洪海涛从鸡蛋中找到了灵感。他发现，在蛋壳和蛋清之间的那层薄膜，与点火孔的打磨空间极其相似，于是他想到通过练习“车削生鸡蛋”来磨炼技术。在单位的一次全厂职工技能大赛中，洪海涛现场表演绝技：他用车床剥生鸡蛋，蛋壳被轻松切掉，蛋白外包裹的薄膜却丝毫未损，蛋清一滴未漏，整个过程堪称完美。

洪海涛曾说：“达到人与车床合一，才能把活儿干到最好，车床已经成为我身体的一部分。”一台车床、一把车刀、一双巧手、一颗匠心，成就了洪海涛的大国工匠之路。

镶嵌工装 改革创新

“车削生鸡蛋”，只是洪海涛技艺精湛、善于创新的一个缩影。其实，除了打磨点火孔，他承担的加工任务还有很多，在生产加工中遇到过的难题更是不胜枚举。

洪海涛加工的某型号产品，由于结构特殊，在车削时会产生椭圆、变弧、波纹等不规则变形，他凭借自己多年的机械加工经验，经过认真分析和反复试验，创造性地发明了“三三旋转找正法”，大大提高了产品合格率，每年都会为公司节约成本40多万元。为攻克另一型号产品薄壁回转体的加工难点，洪海涛对超高强度钢车削进行多次改进，创造和总结出弹性软爪、同心夹具、交替车削等一系列保证精度的技术手段和加工方法。在加工某型号铝试片时，洪海涛独创了“镶嵌工装法”，还自制了“镶嵌工装”，将一件产品原来90分钟的总加工时长缩短为1分钟，不仅减轻了操作者的劳动强度，而且大大提高了工作效率。此外，他在钛合金、不锈钢等材料的车削，以及在薄壁件、细长轴、特种螺纹、多头蜗杆等加工难度大的零部件车削加工中，也摸索出了许多技术绝招。

多年来，洪海涛创新、改造数十件关键设备，攻克了许多关键零部件的加工难题，解决了多项生产瓶颈问题。他凭借精湛的技术和勇于创新的精神，从一名普通技术工人成长为工厂车工线上的“主刀手”。他用成绩一次次证明了自己，先后荣获“青年岗位能手”“文明职工”“十佳青年”“全国优秀质量管理小组奖”“航天技术能手”等多项荣誉。

德技一身　实现价值

“干一行就要爱一行，爱一行就要谋一行，谋一行就要钻一行。”从参加工作的第一天起，洪海涛就时刻谨记同为航天人的父亲对他的教诲。

1994年，20岁的洪海涛技校毕业进入工厂。进厂之初，他其实很害怕参与技术攻关任务，担心自己做不好、做不细。是师傅对他悉心教导，让他与车床建立起越来越深的信任和默契。没几年，洪海涛就熟练掌握了自己的业务本领，成为一名技术骨干。“我有两个师傅，如果没有他们对我的鼓励和信任，我不会有今天。”洪海涛说。

洪海涛的师傅刘孝义，是一位曾经把“东方红一号”送上太空的老航天人，带过的徒弟一批又一批。20世纪90年代初，刘孝义曾接到一封邀请函，对方以优厚的待遇挖他跳槽，但刘孝义拒绝了。师傅的这次选择，不仅坚定了洪海涛的航天梦，也给刚刚参加工作的洪海涛上了一课——一定要把本职工作做好，像师傅那样，做一名光荣的航天人。

2009年，洪海涛也遇到了和师傅当年一样的选择，深圳一家公司以年薪20万元邀请他加入，这差不多是他当时收入的三四倍。那时洪海涛的父母已退休，儿子还小，正是需要用钱的时候，他也曾心动过，但最终还是选择留在了单位。洪海涛说，自己舍不得家人，更舍不得车间里日夜相伴的车床，舍不得离开这个奋斗了20多年的地方。

现在，洪海涛自己也成了师傅。2010年，新职工小张成了他的徒弟。当时，小张对工作程序还不是很熟悉，每当在工作上遇到困难，洪海涛都会耐心讲解操作流程，鼓励小张树立信心。他上班时手把手地教，下班后又像大哥一样关心小张的生活。经过 3 年的历练，在 2013 年公司的导师带徒活动中，洪海涛与徒弟荣获了优秀奖。现在小张出徒了，也成了一名技术过硬的好手。平时经常有工友向洪海涛讨教加工工艺，他都会毫无保留地讲解和分享。他还会经常主动给年轻职工讲经验、讲方法，获得了大家的一致称赞。

“我们的思想有多远，我们的脚步才能走多远。”洪海涛的话深深影响着他的徒弟和周围的人。

代际传承 航天报国

一直以来，洪海涛接到的生产任务，往往是工艺精度高、尺寸多、批次任务数量多。在生产任务最忙的时候，每天只能睡三四个小时。洪海涛在车间的时间比在家里的时间要多，对工作的标准比对生活的标准要高得多。单位的活儿干好了，家里的活儿就落下不少。由于工作的特殊性，洪海涛家里大大小小的家务事主要落在了妻子的身上。

性格内向的洪海涛，平时话很少，给家人的陪伴也不多。不过，每当儿子过生日，洪海涛都会把亲手制作的各种兵器模型和各种军事题材书籍作为生日礼物送给儿子。洪海涛不在家的时候，儿子就在这些东西的陪伴中长大，并在父亲潜移默化的影响中成为一名军事爱好者。现在，这些飞机大炮模型全都整整齐齐地摆在儿子的书架上，见证着一个小军迷的成长。儿子立志报考军事院校，这让洪海涛倍感欣慰。在他看来，儿子的志向，同样是对家中两代航天人强国梦的继承。

洪海涛说，当看到自己参与研制的产品在阅兵式上接受检阅，他感受到了“强国威、壮军威”的那份荣耀。现在，他还有一个愿望，就是能够到导弹发射的现场，亲眼看一回实弹发射的瞬间。

“每当看到我们国家航天事业不断取得举世瞩目的成就，心中满是光荣和自豪。我将继续秉承工匠精神，为国家航天装备生产制造领域的蓬勃发展贡献力量。”在一次采访中，洪海涛由衷地说。

为大国重器擦亮“眼睛”
——刘湘宾

刘湘宾 / 中国航天科技集团九院 7107 厂高级技师。

阅兵式上的防务装备、奔月的“嫦娥”、导航的“北斗”等大国重器导航系统的关键零部件——陀螺仪，有很多出自刘湘宾和他的团队。他练出将陀螺仪精度加工到微米和亚微米级的绝活，以精准的导航擦亮大国重器的“眼睛”，在以微米度量的世界不断超越。

刘湘宾被评为 2021 年“大国工匠年度人物”，曾获“中国质量工匠”等多项荣誉。

军人本色　雷厉风行

刘湘宾的父亲是军人，长久的耳濡目染，让刘湘宾对军人充满敬畏，对军营充满向往，形成了“投身报国”的理想。1980 年，16 岁的刘湘宾光荣入伍，穿上了梦寐以求的绿色军装。三年的军旅生涯，严格的军事训练，磨炼了他坚强的意志，爱国主义、集体主义精神在他的内心深处扎根。每当刘湘宾回忆起从军时光，都自豪地说：“回头看我的每一次进步和成长，都离不开在部队的历练。军人本色已浸透自己的骨髓，影响自己一生。”

刘湘宾复原后，被分配到中国航天科技集团 7107 厂工作，这里是我国航天导航设备的专业科研生产单位，承担着防务装备、运载火箭制导系统惯性器件的研制生产任务。刘湘宾进厂时被安排到了厂机关，可是父亲更希望他好好学门手艺活。在父亲的坚持和鼓励下，刘湘宾认识到学好技术的重要性，将拥有实打实的本事确定为自己的发展方向和目标。不久，他如愿成为一名铣工。父亲专门为刘湘宾请了一个技术响当当的师傅，这位师傅是当时国家的第一批技校生，在苏联学习过。铣工是机械加工里最难的工种之一，它要求工人对数学、物理等学科知识有很好的掌握。因为当时没有数控机床，都是手动机床，所以对手工计算要求极高，空间尺寸的测量也要精确到分。拜师学艺第一次见面，师傅就给刘湘宾出了考题，刘湘宾数学底子不错，他低头思索，考虑可以用勾股定理来解答，他在心里运算，顺利解题。师傅一看，小伙子题解得不错，当场收下这名徒弟，刘湘宾成功拜师。

为了学到真本事，刘湘宾发扬军人作风，每天早早出发，第一个到车间，先把手动机床打开，给机器预热，然后把车间卫生仔细打扫一遍，给师傅沏好热茶。一起入厂的年轻伙伴，玩心比较重，干会儿活就去爬山摘果子了，只有刘湘宾耐得住性子，白天给师傅跑腿，啥活都干；晚上，他把别人休息的时间全用在学习上，当年时髦的军挎包里装满了技术书籍，每天读书到深夜，看不懂就记下来，白天再向师傅请教。刘湘宾在学徒第二年升为二级工，可以离开师傅单独操作了。但是，他申请了“带级学徒”，还想跟着师傅继续学。每个月多挣的100块钱也都算在师

◎ 嫦娥五号探测器模型

傅头上：师傅看在眼里，喜在心里，觉得刘湘宾真是个好苗子，继续认真地教他更高级的技术。晚上大家都下班了，车间只剩了师傅和刘湘宾。

“刘儿，快，看我怎么装这个圆盘。”刘湘宾又从新工艺的最基础开始学起，把看不懂的地方全部做上记号，刀具输入方法、程序的执行、刀库排刀方法……通过刻苦努力学习，刘湘宾的技术水平不断提升，成为同龄人中的技能佼佼者。随着技术不断进步，7107 厂引进了五轴五联动数控机床，刘湘宾成了第一批操作员，但他遇到了两个非常难跨的门槛：英语关和软件关。怎么办？狭路相逢勇者胜。连英文字母都认不全的刘湘宾继续发扬军人雷厉风行的作风，从基础起步，坚持每天翻阅词典，除了吃饭睡觉外，他都用在查找背诵专业名词上，功夫不负有心人，经过数月的努力，终于啃下了英语这块硬骨头。为了通过软件关，刘湘宾和妻子商量后，毫不犹豫地动用了全部家底，拿出家里仅有的 5 000 元报了培训班。刘湘宾想：“就是拼了命，也要啃下这块硬骨头，闯过软件关。”刘湘宾全身心地刻苦钻研编程软件，没想到只跟编程老师学了一半左右课时，就触类旁通，完全掌握了全部课程，7107 厂第一个掌握数控机床的技能工人出现了。

精雕细琢　从不服输

“作为一名航天工人，不管做什么，一定要对自己狠一点，说白了就是严上加严，练就绝技绝活，攻坚克难，过了几年或是过了几十年，你一定会感谢那个发起狠劲儿的自己。”刘湘宾用这么一段话总结自己。半球谐振陀螺仪是世界上最先进的精密陀螺仪之一，在航天和防务装备领域都属于关键核心零部件，国际竞争十分激烈。2015 年，7107 厂接受了要研制这种陀螺仪的重大课题，而其最难加工的核心敏感部件就是石英半球谐振子。由于石英玻璃既硬又脆，且形状要求是薄壁半球壳形，精密加工难度极大。为了使我国技术不再受制于人，刘湘宾决定对这一难题发起挑战。有人提醒他：“石英玻璃易崩易裂，零件加工精度要求又高，是国际难题。”面对国际难题，刘湘宾丝毫没有退缩，迎难而上。由于没有任何数据可供参考，刘湘宾就开始一点点摸索寻找解题之道，这一探索就是 6 年。开始探索那段时间，他饭吃不香，觉睡不踏实，因为所有的参数、所有的技术都不知道，全是一张白纸。刘湘宾查资料、访同行、绘图、建模……那一阵，他通宵加班的次数更多了，回家也满脑子都是微米级的精度尺寸。薄壁半球壳形的球面十分娇气、易崩易裂，在刀具超高速运转下，控制稍有不慎就会出现偏差，每次进刀都是刘湘宾压力最大也最为紧张的时刻。实验做了无数次，每天面对失败，刘湘宾不止一次想放弃，但最后还是把自己逼回去了。他冥思苦想，把自己封闭在车间反复改进，最后在刀具内壁设计了一个梯形凹槽，终于将难题化解。但新的问题又随之而来，根据设计要求，石英半球谐振子的形位公差精度要小于 3 微米，那段时间刘湘宾基本没离开过设备间，同在一个厂的刘湘宾女儿刘青跟他说话也不怎么回。刘青说：

“我爸哭丧着脸的那种感觉，我当时特别不能理解。后来我问爸爸你为什么不理我，他说他在思考问题。”为了达到公差 3 微米以内的极限要求，刘湘宾进行了成千上万次试验，一点点精进，最终将精密加工精度提升至 1 微米，远超预定要求，成功打破国外技术垄断与封锁，使我国成为惯导领域超精密加工的“领跑者”。

航天第三代材料包含 20% 至 45% 的碳化硅，这些铝基复合材料具有硬度高、黏性大等金属特性，像是在砂轮上磨刀一样，导致加工刀具磨损厉害，而一把进口的加工刀具一般都是好几千元，生产成本太高了。刘湘宾和多家研发单位组织试验，自创了一套高精度机床加工刀具，完全替代了进口产品，并取得了发明专利，每年可为公司节约生产成本近百万元。2017 年，刘湘宾主动请缨，带领团队在班组建立了半球、球碗生产单元，全力配合进行技术攻关。对比刃具参数优化加工工序，进行工装设计和改制。攻关后的半球、球碗两种零件的合格率由原来的 55% 提高到 90%，单件成本降低 50%，生产效率提升了近 3 倍。2018 年 5 月，刘湘宾带领团队开展了以某型产品零件加工为代表的航天硬脆材料零件超声振动低应力精密加工技术研究。经过 9 个月反复试验，使加工精度达到了壁厚 0.5 毫米至 0.8 毫米、内外球面同轴度 1 微米，首次在国内行业实现了球型薄壁石英玻璃的加工需求。

多年来，刘湘宾带领团队，自制特种工装夹具及刀具 100 余种，这些工具均成本低、加工质量高。他们成功将陶瓷类产品的加工合格率提到95.5%以上，加工效率提升3倍以上。此外，他们加工的陀螺零件组装的惯性导航产品多次参加国家重点防务装备、载人航天、探月工程等大型试验任务，均获成功。刘湘宾认为，作为一个一线的技能操作者，要把“钻技术、传技能、带好人、出精品”这12个字牢牢放在心里。工匠就是要对自己的本职工作有一颗热爱的心，只有热爱它，才能把产品做到极致，做到精益求精。

持之以恒 桃李满园

一枝独秀不是春，万紫千红春满园。工作40多年，刘湘宾已记不清带过多少徒弟。在厂外，刘湘宾参与陕西军工劳模服务团，跨行业带徒多人，并作为客座教授多次外出授课。他的徒弟，有很多人已晋升为技师、高级技师，成为共同奋战、完成无数急难任务的中坚骨干。

刘湘宾曾带领的54人航天集团金牌班组是7107厂最大的生产班组，有1名特级技师、7名国家高级技师、20名国家技师。这个班组还是陕西省的工人先锋号。刘湘宾创立工作室后，先后完成“半球动压马达柔性制造系统改造”等多项管理创新、技术创新；产生的多项攻关成果和研究课题解决了公司最关键、最迫切的技能难题；团队超精密机械加工水平达到行业一流，尤其在加工微米级、亚微米级的高精度精密零件中，对轴的圆柱度、半球的球面度等加工精度和水平在中国西北片区独占鳌头。

而面对家人，刘湘宾一直觉得亏欠太多。妻子分娩，他不在身边；因为长期加班，很少有时间陪伴女儿，导致孩子产生过“爸爸到底爱不爱我”的疑问……刘湘宾说：“虽然快退休了，但我还有很多目标和想法。我会继续干下去，为自己热爱的事业、为航天梦再尽一份力。”当有人高薪聘请他时，刘湘宾拒绝了，他说：“为航天强国事业作贡献，是我的骄傲和荣誉，也是我的初心，永远不会改变。”

2022年3月2日，在“大国工匠年度人物”发布仪式上，当介绍到刘湘宾时，背景墙播出了2019年国庆阅兵式上，强大的火箭军方队通过天安门广场的震撼画面，此时的刘湘宾再也抑制不住心中感情，流下了激动而自豪的泪水，因为这些大国重器承载了太多他和队友们的心血，这些骄人的成就，无不来自甘于奉献的航天人的持之以恒、艰苦奋斗和开拓创新！如今，刘湘宾和他的同事们，仍在不断为我国航天和国防事业忘我拼搏，不断攻坚克难，不断散发着他们的光和热。

| 历史薪火 |

宇文恺

宇文恺 / 字安乐，隋代建筑家。宇文恺喜好读书，还写得一手好文章，尤其在建筑科学、工程管理、城市规划方面表现出惊人的天赋，他一生主持了许多大型建筑的设计建设，大兴城、东都洛阳城是其代表作。

开皇三年（公元 583 年），隋文帝下诏征发丁壮由关东向关中运送粮米。当时的漕运路线是由黄河经潼关，再转入渭水，然后西进京师。但渭河沙多流急，乍深乍浅，担任漕运的丁壮叫苦不迭。为畅通水道，保证漕粮贡赋，开皇四年（公元 584 年），隋文帝拣选能臣，命令当时的太子左庶子宇文恺规划渭水。宇文恺受命以后，督率水工亲临实地，测量水深，勘察河道，设计施工方案。先将渭水引至大兴城，又自大兴城疏浚渠道达于潼关。这条人工运河全长三百余里，被命名为广通渠。该渠开通以后，“诸州调物，每岁河南自潼关，河北自蒲坂，输长安者相属于路，昼夜不绝者数月”。宇文恺凿修广通渠之举，不仅便利了漕运，缓解了关中的粮饷供应，而且开了隋代大规模凿通运河的风气。

开皇二年（公元 582 年），隋文帝君臣认为，旧都长安自西汉营建以来，时经八百余年，不仅制度规模狭小，不应时需，而且水皆碱卤，不甚宜人。于是议定于旧都长安东南的龙首川处创立新的都城。是年六月，以当时的宰相高熲“领新都大监”“总大纲”，以经验丰富且有巧思的宇文恺担任营建新都的“副监”。第二年三月，新都告成，名之曰大兴城。在新都的建筑中，虽然名义上由高熲总其大纲，但所有规划、勘察、设计、施工等技术工作，却都由宇文恺运筹指挥。据近人估计，大兴城旧址面积约七十平方公里，其城分为宫城、皇城和外郭城三个部分。宫城居北，东西五里许，南北三里余。皇城位于宫城之南，并与之毗邻，其内衙署鳞次栉比，雄伟庄严。外部城东西十八里，南十五里。新城街衢井然，宽平规则，并置有都会、利人两市。为保证官民用水，又专门辟开三渠。一是引自

浐水的龙首渠，二是引自交水的永安渠，三是引自沉水的清明渠。宋人吕大防曾经说过：隋之新都，虽不能尽循先王之法，但是畦分棋布，街巷皆中绳墨，坊内有墉，每墉有门。朝廷、宫寺、门居、市区，不相参杂，堪称一代之“精制”。如此完备而浩大的城建工程，足见宇文恺等人的非凡设计建筑才能。

隋代由宇文恺等人参加规度的东、西两京，在当时及对后世均产生了积极的影响。那时国内州县治所的建筑风格和特点大多参制新京，后来唐代都城的整修和扩建，也是在隋代基础之上进行的。七世纪后期日本都城的建设也仿效唐都长安，不只设计与格局极其相似，甚至连砖瓦纹饰也酷似隋唐。

德艺兼修

中国文化博大精深，“道德”是中国人做人做事的基本准则，更是底线。以德为先，不仅是中国古代工匠的职业底线，更是工匠精神的基础支撑。

“正德、利用、厚生，谓之三事”标志着中国古代工匠的职业道德要求逐渐明确。在这之中，“正德”在首位，旨在告诫工匠在工作之前必须为人正派，处事要有自己的道德底线，“以德为主”也成了工匠精神的发展趋势和走向。

随着技术的不断发展，工匠被划分为不同类型的职业，分工也越来越细致。由此，工匠变成了一种正规的

◎《清明上河图》（局部）　北宋·张择端

《清明上河图》描绘的是清明时节北宋都城汴京（今河南开封）东角子门内外和汴河两岸的繁华热闹景象，再现了12世纪北宋全盛时期都城汴京的生活面貌。画面长而不冗、繁而不乱、严密紧凑，如一气呵成。画中所摄取的景物，大至寂静的原野、浩瀚的河流、高耸的城郭，小到舟车里的人物、摊贩上的陈设货物、市招上的文字，丝毫不失。在多达500余人物的画面中，穿插着各种情节，组织得有条不紊，同时又具有情趣。现藏于北京故宫博物院。

职业。为了维护这一职业的威望和信誉，工匠在适应社会的基础上，不仅需要具备专业知识和技能，还必须具备良好的职业道德，道德规范的重要性更加突出。

对于工匠来说，技能和道德是相辅相成的。如果只有道德而没有技术，纵使德行再高，在职业道路上也不会走得太远；如果只有技术而没有道德，纵使天赋技术再高超，也难以获得他人的认可。中国传统工匠精神中的德艺兼修的境界，会始终为新时代中国工匠精神提供源源不竭的动力。

第六篇

协作共进

——同舟共济扬帆起

在长期实践中，我们培育形成了爱岗敬业、争创一流、艰苦奋斗、勇于创新、淡泊名利、甘于奉献的劳模精神，崇尚劳动、热爱劳动、辛勤劳动、诚实劳动的劳动精神，执着专注、精益求精、一丝不苟、追求卓越的工匠精神。劳模精神、劳动精神、工匠精神是以爱国主义为核心的民族精神和以改革创新为核心的时代精神的生动体现，是鼓舞全党全国各族人民风雨无阻、勇敢前进的强大精神动力。

2020 年 11 月 24 日

习近平在全国劳动模范和先进工作者表彰大会上的讲话

| 时代星座 |

雕刻火药的航天工匠
——徐立平

徐立平 / 中国航天科技集团有限公司四院 7416 厂高级技师。

徐立平所从事的工作，是给固体火箭、导弹发动机“做整形”，即用金属刀具将火箭、导弹发动机药面修整至设计要求的形状，而在这易燃易爆的发动机燃面挥刀弄铲，稍有不慎便可能引起爆炸事故，因此被外界喻为在火药上雕刻、在刀尖上“跳舞”。

徐立平被评为 2021 年“大国工匠年度人物”。

心无旁骛 志如磐石

1987年，不到19岁的徐立平从技校毕业，被分配到航天四院7416厂固体火箭（导弹）发动机药面整形岗位工作。

到岗后，师傅对他说："这个岗位看着简单，其实很危险，手里这把刀关系着大家的性命！"接着，师傅带着他来到一块空地，用一根引线点燃一小包废药，浓烟升腾。吓了一跳的徐立平一下子就明白了师傅的意思。看着惊魂未定的徐立平，师傅淡然却坚定地告诉他：在这干活，要练好刀功和手感，还要心静气沉不浮躁。

此后，徐立平便从最基本的磨刀、拿刀、铲药练起。学徒第一年，他便练坏了十几把刀具。他很快从同龄人中脱颖而出，而他身上那股心无旁骛、志如磐石的品质，更是让极少言辞的师傅称赞有加。到后来，徐立平竟练成了"一摸准"的绝活：用手一摸，他便知道如何修整出符合设计要求的药面。1989年的那次特殊任务，更让师傅放心地把接力棒交给了徐立平。

那是一次国家重点型号的质量复查，一台即将试车的国家重点型号发动机出现大面积脱粘，面临报废，这是该院成立以来研制的最大发动机。专家组决定：成立突击队，就地挖药，查探修复。徐立平是其中最年轻的一员。

挖药修复，需要钻进发动机内部，在十几吨推进剂的包围中操作。徐立平站在机口，望着那黑洞洞的芯孔和环绕一周的星角，觉得好像巨兽张开了大嘴露出了牙齿，压力倍增。挖药开始了，队员们轮流钻进芯孔，冒着浓烈刺鼻的气味，半躺或半跪着作业。为防止用力过大摩擦起火，队员们只能用木铲或铜铲小心翼翼地操作，每次最多只能挖出四五克，加之舱内缺氧和精神的高度紧张，工厂规定每个队员每次只能干10分钟，然而，作为最年轻的突击队员，徐立平每次总要多干几分钟，好让师傅们多休息一会儿。

就这样，经过2个多月的攻关，队员们成功修复了病灶，而修复后的发动机地面试车也取得了圆满成功。仿佛精钢淬火，经过这次历练，徐立平也拥有了匠人的沉稳。后来，他的技艺更精进到远超技术指标的程度：工艺要求整形误差0.5毫米，徐立平的标准却是0.2毫米。所谓差之毫厘谬以千里，看似微乎其微的0.3毫米，却是无数个日夜苦练内功才换来的炉火纯青的刀功绝活。

专研琢磨 大匠运斤

位于西安市东郊的航天科技四院的发动机整形厂房四周空空荡荡，徐立平和他的工友们每天面对的就是大大小小的固体发动机。偌大的厂房里，每次作业最多只有两个人在现场，一干就是一整天。赶上重点型号投入批产时，任务重、周期紧，经常是“五加二、白加黑”，仍满足不了进度要求，时不时还得钻进发动机“挖药”。这样的工作，不是谁都能忍受的。曾有半年，整形组招的3个年轻人，没干几天怕了，全都走了。赶进度时，为确保如期交工，通宵达旦是家常便饭。很多时候，走出厂房那一刻，徐立平眼睛都是花的。

只要上班，危险就无时不在。一位工友在给一台直径仅碗口大小的发动机做药面整形时，因刀具不慎碰到金属壳体，瞬间引起发动机剧烈燃烧，工友当场牺牲，这成为徐立平多年不愿提起的痛。刀惹的祸还得从刀上想办法。徐立平和同事们琢磨着要改进出更好用、更安全的刀具。他们一块去西安城隍庙，从木匠的刀具上寻找灵感；在厂房一遍遍试验，摸索设计参数；回到家像“着魔”一样，在纸上涂涂画画，不懂的就问厂里的老师傅。一天晚上，徐立平看到儿子用削皮机削苹果，他突然有了灵感。第二天一上班，就带领大家设计、加工，反复调整刀片角度。经过不断修改完善，一套半自动整形专用刀具诞生了，切

◎ 2019 年 10 月 1 日上午，庆祝中华人民共和国成立 70 周年大会在北京天安门广场隆重举行。图为东风 -26 核常兼备导弹方队。

削、称量、废药处理一气呵成。过去 4 个人一天整 6 台，用新设计的这套刀具一天能整 24 台，工作效率大幅提升。就这样，经过不断摸索和实践，徐立平根据不同类型的发动机、整形的不同阶段和不同部位，设计、制作和改进了几十种刀具，其中 9 种申请了国家专利。那台半自动整形专用刀具，被命名为“立平刀”。

相互关照 协同合作

航天事业的复杂性，决定了它是一个庞大的系统工程，是一项独木难成林的事业，在成千上万个航天器制造工序中，少有一人独立完成的工作，许多都是集体协同作业。在这样的朝夕相处中，航天人对于工友，似乎多了一份家人般的亲近，而这种亲人般的感觉，不仅体现在生活上的相互关照，更体现在工作上的相互帮助、抑或是苛刻要求中。

平日里，徐立平就像一个家长，对每个组员都严苛要求，因为他把组员们的安全看得最重。他像一位良师，把自己的绝技倾囊相授。他把对组员的爱融入工作生活的点点滴滴：平日得闲时，他常带大家做一种“挑战游戏”——大家随便报个数，然后分别去铲药，看谁一刀下去铲的药量能最接近报数。起初，总是师傅徐立平领先，但渐渐的，在他的不断点拨下，徒弟们也掌握了他总结出的“整形要诀”，手艺不断精进，对工作的兴趣也更加浓厚。徐立平还组织大家开展型号攻关，仅某一个批产型号攻关改进，就让型号合格率从 65% 提高至 93% 以上；他还带着组员一起研究改进，完成了30多项刀具、工装和编程技术革新。在徐立平的带领下，整形班组人才辈出，现多人已成为国家高技能人才。

如今，徐立平正着手培养一批技术精湛、业务精良的"火药雕刻师"。在他心里，只有每一个组员的能力提升，才能形成更强大的合力，才能为"航天强国"建设筑牢更坚实的根基。他的最大心愿，是为航天事业培养更多的大国工匠。徐立平对整形技术发展的远瞻思路还远不止于此，如今，作为国家级技能大师工作室的"舵手"，徐立平又提出了岗位发展的新蓝图：免整形！这或许又是行业的一次新的"革命"。

"身为航天人，我对工匠精神的理解是执着专注、精益求精、一丝不苟、追求完美，把每一件产品都当作工艺品一样'精雕细刻'，以'零缺陷''万无一失'的工作标准把职责范围内的工作做细、做实、做好。"徐立平说。

大漠油田“发明家”
——谭文波

谭文波 / 谭文波，中国石油集团西部钻探工程有限公司试油公司试油工。

谭文波坚守大漠戈壁 20 多年，是油田里的“土发明家”。他领衔发明的具有自主知识产权的新型桥塞坐封工具，解决了试油技术领域的世界级难题，为石油石化行业首创。

谭文波被评为 2018 年“大国工匠年度人物”，曾获“全国五一劳动奖章”“中华技能大奖”等多项荣誉。

苦学沉思 自立自强

谭文波的父母，都是工厂里有技术专长的工人。在这样家庭长大的谭文波，从小耳濡目染，他对工厂里的工具、设备很“敏感”，看到任何东西，都想拆开看看工作原理。因工作来到新疆之后，他更是把这种爱好发挥到极致。厂房角落的一个房间成了他最初的工作室，里面堆满了各种废旧零件。没事的时候，谭文波就捣鼓那些“宝贝”，每个零件都要摸透结构和原理，并加注自己的思考，吃住在单位是家常便饭。不知不觉中，居然写出了十几万字的读书笔记。谭文波说：“虽然爱捣鼓，大家搞不懂的技术问题我能搞定，但是我总觉得，我是技校毕业生，搞发明创造不是我的事。”

2008 年，谭文波在南疆工作时，遇到油田上一辆装载着德国液压系统的电缆车发生了故障。“外国技术人员检查后，耸耸肩、摊开手说，‘泵坏了、修不了、等着吧！从德国运到沙漠，少说也要半年’。说完，人就走了。设备趴窝，每耽搁一天，都要遭受很大的经济损失。我是个急性子，等不住。”谭文波说。他向领导提议，自己想试着修一下。领导同意了，但只给三天时间，如果不行就从国外订购。“我把自己关在厂房里，找技术资料，用废旧材料加工改造，最后让‘德国造’又转了起来！我们科长高兴的啊，到处宣传，也就是这个时候，我建立起了一点自信。”回忆起这件事，谭文波总是分外感慨。

世界首创 终圆梦想

谭文波发明的具有自主知识产权的新型桥塞坐封工具被誉为世界首创，让许多科班生敬佩不已，可他却说，他只不过是“满身稀泥巴‘冒充’了科学家”。传统的电缆桥塞坐封依靠工具内部的火药燃烧产生高温高压气体来完成，但火药在运输、使用和储存等方面存在诸多安全隐患，且管理和使用成本偏高，是行业多年来面对的世界级难题。为了摆脱传统火工品坐封方式，谭文波一直努力构思、一直在做实验，而这个实验具有危险性。

为了把危害降到最低，谭文波常常把实验的时间放在周末，一个人来到厂房调试好设备开始实验，还让门卫师傅站在安全的地方，并嘱咐他如果发现异常，就赶紧拨打120求助。“爸爸做这个实验的时候，正好遇到我高考，他每天钻库房、跑现场，吃着吃着饭，突然有新想法，撂下筷子就去厂房了。”谭文波的儿子谭淞元说。直到2015年7月23日，现场实验一次性成功，新型电动液压桥塞坐封工具成为中国航天科技集团有限公司在世界首创的自主知识产权技术，谭文波也因此获得了“大国工匠”荣誉称号。

不懈努力 照亮他人

在儿子谭淞元眼里，爸爸是朋友，是可以交心的“老谭”。从上高中开始，爸爸还会经常和他探讨在工作中遇到的问题，他总是不停追问哪里可以优化，还有什么可以改进。谭文波带着求知的欲望和热情去解决工作上的难题，深深影响了正在求学的儿子。“我不会为了学而学，我是积极主动去学习，因为我也体验到了父亲那种在劳动中解决问题的成就感。”

在单位，谭文波对琳琅满目的各类井下工具的结构、型号、工作原理及使用方法，都烂熟于心。“每一个工具，都像是他的朋友，每个和他一起工作的人，都会被他那种劳动热情所感染，他能发明创造出那么多东西，就是源于他对劳动的热爱。”谭文波的徒弟陈方说。在工作中遇到的问题，谭文波乐此不疲地带着大家集体分析探讨，鼓励他们设计制作小工具进行创新试验。

谭文波和团队创新研制了“无线遥控动力水龙头旋塞开关装置”，获中石油首届一线创新大赛工程技术板块的第一名，这一成果解决了安全技术难题，为提质增效作出了贡献。他常对徒弟们说：“年轻人要有梦想，要学习，敢于想新的方法，石油工人的工作很苦，必须在劳动中找到乐趣，才能长久坚守。”

织就绚烂的考古人生
——王亚蓉

王亚蓉 / 中国社会科学院高级工程师，中国古代服饰文化研究专家。

王亚蓉擅长文物丝织品的复织工作，被称为“织绣领域研究第一人”。在长达数十年的考古生涯中，王亚蓉和团队不断克服难点、精进技艺，主持研究复织的古代华服可以填满一座博物馆，重现了中国古代璀璨的纺织文明。

机缘巧合 邂逅先生

1967 年，王亚蓉在北京玩具公司担任美工。工作之余，她喜欢到北京图书馆查阅资料，寻找设计灵感。机缘巧合，1973 年 6 月的一天，她在图书馆偶然认识了中国人民大学中文教授杨纤如先生，杨先生又将王亚蓉引荐给了老朋友沈从文先生。彼时，在中国历史博物馆从事古代服饰研究的沈从文先生正处于写作和修改巨著《中国服饰史》的繁重工作当中。

沈从文先生之所以编撰《中国古代服饰研究》，是因为周恩来总理的嘱托。王亚蓉回忆："当时，《中国古代服饰研究》是作为'国礼'进行的撰写、编辑、绘图和整理工作，因此，对于图文内容的设计要求特别高。"

但是，那个特殊时期，沈从文先生身边已经没有学生或助手，需要绘画也只能靠老先生自己绘图。他当时特别需要一位助手，帮助他整理文献和描画文物图形。"我见到他的时候，就觉得老爷子很可怜，每次见他，他都是拿着放大镜在很小的图片里面看，实在没办法的时候，他就自己动笔画。我曾经在中央工艺美术学院学习过，于是，就找机会跟他说，想帮他绘图。"

沈从文先生的研究领域非常广泛，各方面文物杂志接触也很多。听说王亚蓉愿意帮他绘图，他非常高兴，随手从桌子上拿起一本《人民画报》，那上面有一幅很小的图片，描绘的是一个刚刚出土的汉代错金银伞铤，上面有很多动物图案，如仙鹤、熊、鸟，等等。他对王亚蓉说："这上面的熊（这些熊是沈先生研究专题‘熊经鸟’中的插图），可不可以摹画出来？”

王亚蓉对沈从文先生说：“没问题，我试试吧。”于是，她连夜把这张图片里所有能看见的熊都找到，再用线描画了出来，拿去给沈从文先生看，他看完之后，特别高兴，说画得不错！就这样，王亚蓉通过了沈从文先生的考试，成为业余辅助沈从文先生的绘图员。

沈从文先生、王㐨先生和王亚蓉一起，组成了“中国古代服饰研究”三人小组。王亚蓉和王㐨先生白天在考古所做考古工作，晚上下班，到沈先生家继续跟沈先生做研究。

1974 年 4 月，正式进入中国科学院考古研究所工作的王亚蓉就这样一步一步地走进服饰考古的工作领域，并参加了《中国古代服饰研究》的编写。因为身负周恩来总理的嘱托，沈从文先生在绘图编号上一直有所考虑，不愿修改太多。所以，最终我们现在可以看到的《中国古代服饰研究》一书中，标明为“图”的都是沈先生在中国历史博物馆的前助手陈大章、李之檀和范曾的绘图作品，标明为“插图”的，基本都是王亚蓉的绘图作品。

克服困难 抢救挖掘

1982 年初，王亚蓉第一次参与大型墓葬的发掘，面对的是砖瓦厂取生产用土时偶然发现的湖北江陵马山一号楚墓。

当时，人们对于战国时代丝织品的认识非常少，只有湖北、湖南有些零星的纺织品出土。因此，马山一号楚墓发掘时，考古工作者寄予了厚望。王亚蓉回忆道：“为了避免纺织品出土时在阳光下受损，又怕围观的群众太多影响工作，文物提取是在一个寒冷漆黑的冬天夜晚里完成的。”

这场发掘，是由王㐨先生负责下墓指挥，王亚蓉蹲在墓口逐一拍照记录。当棺盖慢慢掀开时，王㐨先生只看一眼，随即说道：“快盖上！”仅这一眼，他就已经断定：满棺锦绣，现场不能开棺！因为丝织品是最娇气的文物，在野外，在有紫光的环境中是不可以提取的。

当时，湖北省考古工作人员说道，前段时间有类似的情况，棺木运回途中丝织品在棺液里被晃散。但作为考古界纺织品文物保护专家，王㐨先生四面敲了敲棺木，凭经验判断棺内应没有积液。双方争论持续了两个多小时，最后，现场决定按王㐨先生说的办。棺椁被运回博物馆室内，开棺后文物毫发无损。

正是因为这次发掘，王亚蓉发现了楚国服饰的秘密。出土的马山 N10 彩绣凤鸟花卉纹绣浅黄绢面棉袍腋下有个特别的“方片”。王亚蓉一直想不明白这件“方片”的作用。因此，她最终动了心思，要对楚墓第一批织物进行复原复织。

从 1985 年到 1990 年，在王㐨先生的支持下，王亚蓉克服重重困难，到王㐨先生的家乡山东莱州乡村里，找到镇长并得到大力支持，组织起几十位在家待业的年轻姑娘，筹建刺绣培训，从头开始教授这些毫无经验的姑娘刺绣，学习古老的“锁绣”技法。从1985年开始，一直到1990年完成，中间耗费的精力、心思不是一般人可以想象的。

6年多时间，几十位绣娘，完美地再现了精美绝伦的楚国服饰之后，王亚蓉终于找到了答案：马山墓中的衣制一律交领、右衽、直裾，是上衣下裳连成一体的深衣制，左右袖腋处设“小腰”，穿上时，本来前后平直的上衣，因为“小腰”的嵌片横在腋下，把上衣衣襟向前推隆十余厘米，腰部自然向前收敛，可以表现出人的形体美。在1991年湖北江陵召开的第一届中国国际服饰研讨会上，这一研究成果震惊了国际服饰研究界。英国维多利亚与阿尔伯特博物馆的教授说：“这是中国人2 650年前用平面剪裁做出的立裁效果的服装，太了不起了！”

应急保护 恢复原状

仔细观察，马山N10彩绣凤鸟花卉纹绣浅黄绢面棉袍的袍领上是一幅狩猎图。“当年，这条一米多长的领子，需要经过特殊培训的优秀绣工绣上七八个月才能完成。领子的中心处是一驾马车，旌旗招展，一人搭弓射箭，一人为驭手。还有一幅图描绘的是一人拧着身子拿着盾牌和长剑在跟老虎搏斗，另一人跪在地上，手持匕首与一头豹子在拼杀，旁边还傍着一只猎狗。”王亚蓉解读到。

对出土的马山N10彩绣凤鸟花卉纹绣浅黄绢面棉袍进行复原，震惊了国内外考古学界。著名考古学家张光直先生看到这件复织品时对王亚蓉说:“这是用实验考古学方法研究中国古代服饰文物的最高展示。”

实验考古学的方法，来源于美国考古学家研究石器。原始人采用石头打击石头的原始时代的工艺方法，当代的考古学者研究原始人类，需要采取古人的用石头打击石头的做法，得到古代生产力的实践研究结论。这种实验方法是最为接近实际的方法。王亚蓉也因此成为以实验考古学的方法研究古代服饰的第一人。

2003 年到 2007 年，王亚蓉在首都博物馆创建纺织品保护研究工作室，开始系统地培养年轻团队。“曾经，我是中国古代服饰研究团队里最年轻的一员，而现在，我是最年长的，希望能尽自己的绵薄之力，为年轻人铺路。”

2007 年 1 月 6 日，江西省文物考古研究所、靖安县博物馆联合对靖安县水口乡东周墓葬进行发掘。出土了大量文物，其中纺织品有 300 余件，是中国发现的时代最早、数量最多的丝织品。在国家文物局专家组建议下，王亚蓉带着首都博物馆纺织品保护研究工作室的工作人员参与江西靖安东周大墓的纺织品发掘保护工作，这也是王亚蓉考古工作中遇到的最为艰难的挑战之一。

在江西靖安东周大墓中出土的古代织物，早已与周围的泥沙浑水融为一体，这些既娇气又不好处理的丝织品被取出后，必须马上保湿，做好现场应急保护处理，否则很难得到。

事事亲力亲为的王亚蓉，早已不顾年逾花甲的身体，尽管寒冬腊月，冰冷刺骨，王亚蓉还是选择亲自动手清洗文物。清洗的过程中，不能用刷子，只能用手，每次换水前要在水里反复拍打，用水波的震荡慢慢将泥沙清除。这次清洗，王亚蓉的团队大约换了几十次水。清洗后紧急加固，得到了墓葬出土最大的由 4 幅方孔纱缝制的裹尸衾被。经过两年的辛勤劳作，江西靖安东周大墓出土纺织品保护工作取得了圆满的成果。在靖安东周的墓葬，王亚蓉曾找到一段破损不堪的残存文物，是一件左襟压右襟的衣物。这就为古人右衽穿衣的习惯提供了实物佐证。

“哪怕是一块指甲盖大小的纺织品残片，对于考古工作者而言，都同样珍贵。即使是纺织物印在周边泥土的印痕纹样，也是一种证据。学术研究会在出土文物发掘的基础上持续开展，考古是一门实证科学，每件文物标本都有可能呈现一段不为人所知的历史。”王亚蓉说。

这样的故事还出现在修复北京明代定陵地下宫殿出土的百子衣上。王亚蓉回忆道：“现在我们看到的百子衣都是通过大量科学研究、反复试验得到的复织品。”定陵皇后棺内中部出土的百子衣，均为皇后的陪葬品，由王亚蓉主持复织的这件百子衣，连刺绣地子都是戳纱绣成的，上面有盘金龙纹彩绣杂宝折纸花。百子衣以一组婴孩嬉戏玩耍的形式，共绣出一百个孩童，寓意千秋万代，子孙昌盛。孩童画面精彩生动，特别惹人喜爱。有的斗蟋蟀、戏金鱼，有的练武、摔跤、踢建子，有的爬树摘果，有的站凳采桃，有的放风筝、玩陀螺，有的放爆竹、捉迷藏。复织的绣衣在首都博物馆展出。这件沉睡了将近 400 年的刺绣衣物，出土时虽然只是一件残品，受损严重，却依然非常珍贵。

“其实，文物修复工作就是在跟古人对话。最重要的是，要在修复工作中，耐得住寂寞。”王亚蓉说：“对于服饰文物修复而言，寻找到古人生活的轨迹，复原古人的服饰状况，就是我们服饰考古人最为开心的时刻。”

| 历史薪火 |

李 春

李春 / 李春，隋代造桥匠师。隋开皇十五年至大业初（公元 595 ~ 605 年）建造赵州桥（安济桥）。赵州桥存世 1 400 多年，堪称中国建筑史上的奇迹之一。

赵州桥，学名安济桥，位于今河北省赵县城南的洨河之上，横跨河南北两岸。它是世界上现存年代最久远、跨度最大、保存最完整的单孔敞肩圆弧拱桥。全桥纯用石块建造，长 64.4 米，拱顶宽 9 米，由 28 道并列拱券砌筑而成，每拱用石约 40 块。桥上饰有精美的石雕栏杆，修造之巧，堪称鬼斧神工。元代诗人刘百熙曾盛赞它："水从碧玉环中过，人在苍龙背上行。”

赵州桥是敞肩圆弧拱桥，拱石连线呈小于半圆的圆弧状。圆弧拱桥的拱高与跨距的比值越小，则拱形越扁。这种较扁的圆弧拱桥可以在不增加桥面高度的情况下增加桥的跨度，从而实现低桥面和大跨度的双重目的。

赵州桥主拱是由 28 道各自独立的并列拱券组成，拱厚皆为 1.03 米。每券各自独立，可以单独操作，比较灵活，但是这也成了建桥设计的重要技术难点。为此，李春采取了一系列的技术措施加强各券之间的横向联系。其一，每券都采用下宽上窄、略有收分的办法；其二，依靠桥身重量压住拱券；其三，两侧护拱石各设 6 块钩头石；其四，在主券上均匀地设有 5 根铁拉杆，拉杆两端有半圆形杆头露出石外，以增强其横向拉力；其五，在两侧外券相邻的每两石之间都穿有铁腰，各道券之间相邻的石块也都在拱背穿有铁腰。赵州桥的建筑艺术成就不仅体现在主拱的修造上，同时也体现在敞肩拱上，即主拱两端的两个小拱。靠近拱脚的小拱净跨为

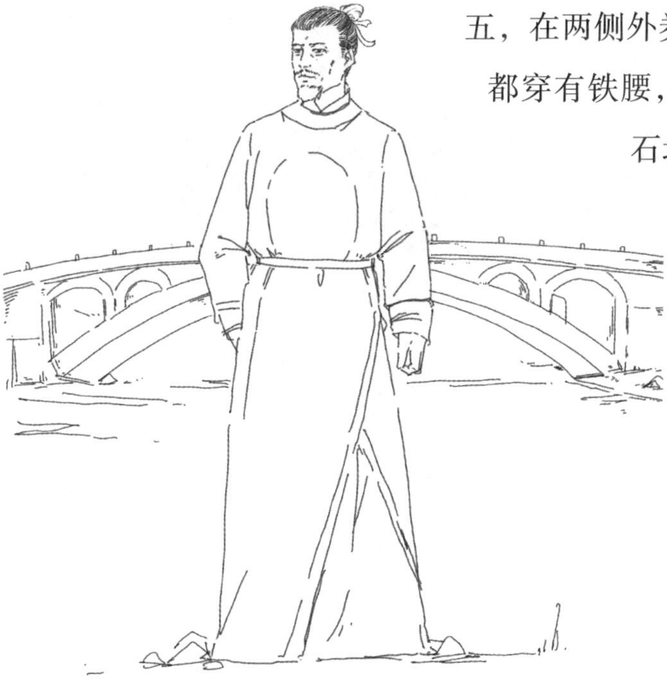

3.8 米，另一小拱的净跨为 2.85 米，两券都是 65 厘米厚。四个小拱也都采取各自独立的 28 道并列纵券，与主拱一样采取了护拱石等增强横向拉力的各种措施。采用敞肩拱不仅可以减轻洪水对桥的推力，充分发挥圆弧拱桥的低桥面、长距离的优点，还可以减轻桥身自重对主拱和桥基的压力，较实肩拱桥更能节省土石材料。同时，敞肩比实肩造型更加优美，主拱与小拱构成一幅完整的图画，使赵州桥显得更加轻巧、秀丽。

敞肩圆弧石拱桥是中国的独特创造。最早在 14 世纪，西方才出现了敞肩圆弧石拱桥。因此，英国科技史学家李约瑟在介绍 18 世纪前后传到欧洲和其他地区的中国科技成果时，曾列举了 26 项发明和创造，其中第 18 项即为“弧形拱桥”。

| 精神图谱 |

协作共进

团队协作精神，是指建立在团队的基础之上，发挥团队精神、互补互助以达到团队最大工作效率的能力。“人心齐，泰山移”，协作共进的团队精神也是新时代工匠精神的内涵。所谓“协作”，就是团队成员的分工合作；所谓“共进”，就是团队成员共同努力、共同进步。一个团队的力量远大于一个人的力量。团队不仅强调个人的工作成果，更强调团队的整体业绩。团队所依赖的不仅是集体讨论和决策，它同时也强调成员的共同贡献。

与传统工匠不同，新时代的工匠不再是手工作坊，而是以大机器生产为主，每个人所承担的工作只是众多工序的一个环节或者一小部分。以高铁为例，我国高铁的 8 列编组零部件有 4 万多个，非重复的零部件有 1.5 万个左右，由包括线路技术、高速动车组、接触网、信号通信等系统

组成，一辆高铁的顺利行驶，是各个环节、各个系统通力合作的结果。团队需要的是“协作共进”，因此，新时代工匠精神必须具有“协作共进的团队精神”，这也是现代“工匠精神”的要义之一。

◎《捣练图》 唐·张萱

《捣练图》描绘了唐代城市妇女在捣练、理线、熨平、缝制劳动操作时的情景。长卷式的画面上共刻画了十二个人物形象，按劳动工序分成捣练、织线、熨烫三组场面。现藏于美国波士顿博物馆。

第七篇

执着专注

——成功之道贵专精

建设知识型、技能型、创新型劳动者大军，弘扬劳模精神和工匠精神，营造劳动光荣的社会风尚和精益求精的敬业风气。

2017 年 10 月 18 日

习近平在中国共产党第十九次全国代表大会上的报告

| 时代星座 |

给大国工程当“眼睛”
——陈兆海

陈兆海 / 中交一航局三公司工程首席技能专家。

主攻水利工程测量的他，每天都在跟点、线、面打交道，先后参与了我国首座30万吨级矿石码头、我国首座双层地锚式悬索桥、大连湾海底隧道和光明路延伸工程等标志性工程的测量工作，被誉为大国工程的“眼睛”。

陈兆海被评为2021年“大国工匠年度人物”，曾获“全国劳动模范”“全国技术能手”等多项荣誉。

精益求精展匠心

2013年，作为测量班长的陈兆海参建了大连星海湾跨海大桥工程。在主桥施工中，为保证“两塔三跨”受力均衡，悬索安装精度要求极高，陈兆海每次组织测量放样都要手持棱镜带头爬上120米高的索塔顶部进行作业。由于施工海域离岸超过1千米，就算风平浪静，高耸的索塔也是摆动不停，赶上季风天气，站在塔顶更是战战兢兢、举步难行。有什么样的追求就有什么样的执着，在悬索施工的300多个日夜里，无论是寒风凛冽，还是烈日当头，但凡施工需要，陈兆海总是第一个冲到塔顶，且一测就是两三个小时，成了索塔上随叫随到的“蜘蛛侠”。他用辛勤的汗水在百米高空布设下无数点线，保证了所有悬索安装均一次性完成，更为国内类似工程施工积累了宝贵经验。

大连湾海底隧道工程是我国在严寒海域建设的首条沉管隧道。2017年，随着海隧工程基础抓泥、基床整平等施工的陆续启动，传统的单波束测深技术在测量精度和施工效率上已不能满足施工需求。陈兆海在没有任何成熟经验可供借鉴的不利局面下，从零做起、主动出击，一方面，向诸多测绘领域的知名学者学习取经，博采众长；另一方面，专家指导意见与现场施工实践有机结合，着眼国内测绘前沿，成功引进多波束测深系统，快速消化核心技术、吃透关键工艺，将测深技术从原有的二维推展到三维，大幅提升测量精度，为项目施工建设稳步推进提供了有力保障。

兢兢业业显赤诚

2004 年，陈兆海参建的大连港 30 万吨级矿石码头工程进入大干阶段，由于当年还没有 GPS 技术，只能用“打水砣”的原始方式来检验基床平整度，为了在一个月仅有两次的大潮中安装更多沉箱，陈兆海常常是一连几天吃住在海上，40 多斤的测深水砣，每天要扔成百上千次。深冬时节，冰冷狂暴的海风在他身上碾过，眉毛、胡子上都结满了冰霜，溅起的海水将大衣前襟冻成了“冰甲”，可陈兆海手里的水砣依然一遍遍地扔起落下……就是这样，他用超乎常人的毅力为水下基础施工提供了准确的测量数据，保证了沉箱安装的高效推进。该工程最终提前 3 个月完工，并荣获“中国土木工程詹天佑奖”。

鉴于工作中的优异表现，公司曾想提拔陈兆海担任项目副经理，但他出于对测量事业的热爱，最终婉言谢绝。他常说：“人能将自己钟爱的事情作为一生的职业是一种幸运，更是一种幸福，我最大的幸福就是用一辈子做好工程的眼睛。”2015 年，陈兆海被聘为首席技能专家。

薪火相传续华章

陈兆海一年到头在遍布全国的重点项目穿梭奔波，足迹留在了从长白山麓到南海岛礁的无数工地，对家人缺少关怀和照顾，是他一直以来的心头憾事。我国首座航母船坞工程施工中，陈兆海几乎 24 小时都处于作业备战的状态。临近工程建设关键节点，恰逢他的孩子即将出生，但他依旧默默坚守岗位。项目领导和同事都劝他去看望临产的妻

◎ 大连星海湾大桥

子，主动为他购买车票。在大伙的催促下，陈兆海穿着工装，急匆匆前往医院探望了妻子和刚出生的孩子，看到母子平安，他高兴地合不拢嘴。但因工程施工需要，他又怀着对妻子和孩子的满心愧疚，当天返回了工作岗位。项目竣工后，陈兆海看到22个沉箱连接的坞墙像镜面一样平整，内心十分激动，好像这项精品工程是自己送给妻子和孩子最好的礼物。

工作把陈兆海和工友紧紧绑在一起，特别是和徒弟们在一起的时间，远远超过家人。他经常语重心长地对徒弟说："要实事求是做人，实实在在地做好本职工作。"他希望通过自己的"传帮带"，徒弟们能够尽快达到高技能人才的标准，在项目上发挥作用。在徒弟的眼里，陈兆海是言传身教、一丝不苟的严师，更是关怀备至、知冷知热的亲人。他不仅是技艺精湛的匠人，更有一颗竭尽所能让工匠技艺和精神薪火相传的匠心。从工地上一次次不知疲倦的演示，到寝室里一场场推心置腹的恳谈，他不仅把自己的知识和技能倾囊相授，更能敞开心扉，与大家分享个人的成长故事，引领大家开启自己与众不同的测量人生，学会用心测量人生的轨迹。

三十年来，陈兆海凭着对测量事业的执着与热爱，持之以恒追逐梦想，呕心沥血传授技艺，在每一个微小细节里熔铸了工匠精神，展现了弥足珍贵的不竭奋斗与赤子情怀，焕发出新时代大国工匠的亮丽风采。

焊接高铁的“工人院士”
——李万君

李万君 / 中车长客股份公司首席操作师，高级工人技师。

为了在外国的技术封锁面前实现“突围”，李万君凭着不服输的韧劲儿一次次试验，参与填补了国内几十种高速车、铁路客车、城铁车转向架焊接规范及操作方法的空白，进行技术攻关100余项。

李万君被评为2018年“大国工匠年度人物”，曾获“全国劳动模范”“中华技能大奖”等多项荣誉。

探索创新 屡显身手

我国的高速动车组之所以能跑出如此之快的速度，主要原因之一就是我们的转向架技术取得了重大突破。李万君就工作在转向架焊接岗位上。他先后参与了我国几十种城铁车、动车组转向架的首件试制焊接工作，总结并制定了30多种转向架焊接规范及操作方法，技术攻关100余项，其中31项获得国家专利。

作为全国铁路第六次大提速主力车型，时速250千米动车组在长客股份公司试制生产，由于转向架环口要承载重达50吨的车体，因此成为高速动车组制造的关键部位，其焊接成型质量要求极高。试制初期，因焊接段数多，焊接接头极易出现不熔合等严重质量问题，一时成为制约转向架生产的瓶颈。关键时刻，李万君凭着一股子钻劲，摸索出了“环口焊接七步操作法”，用这种方法焊接的产品成型好、质量高，成功突破了批量生产的关键。这项令国外专家十分惊讶的“绝活”，现已经被纳入生产工艺当中。

中国中车从德国西门子引进了时速350千米的高速动车组技术。由于外方此前也没有如此高速的运营先例，转向架制造成了双方共同攻关的课题。带着领导的重托，李万君参加了转向架焊接工艺评定专家组，并发挥了高技能人才的特殊作用。以李万君试制取得的有关数据为重要参考编制的《超高速转向架焊接规范》，在指导批量生产中解决了大问题。

2015年年初，在试制生产我国首列标准化动车组（即复兴号动车组）时，转向架很多焊缝的接头形式是员工们从来没有接触过的，其中转向架侧梁扭杆座不规则焊缝和横侧梁连接口斜坡焊缝质量要求极高，射线探伤检查必须零缺陷，不允许有任何瑕疵。不规则焊缝接头过多，极易造成焊接缺陷，成为制约生产顺利进行的瓶颈。以李万君为主的攻关团队，经过反复论证和多次试验，最终总结出高效科学的焊接方法，他们交叉运用平焊、立焊、下坡焊的操作技法，成功攻克了这项焊缝难题，并总结出操作法用以指导员工完成此项焊接工作。

2016 年年初，李万君带领工作室成员，成功完成美国纽约地铁转向架厚板焊接的 31 项工艺评定，为我国试制生产 40 毫米厚板转向架提供了可靠焊接规范及操作依据。2017 年年初，李万君参与试制生产的 4 个美国纽约地铁转向架，通过美国焊接专家的认证。

凭借精湛的焊接技术，李万君在参与填补国内空白的几十种高速车、铁路客车、城铁车，以及出口澳大利亚、新西兰、巴西、泰国、沙特、埃塞俄比亚等国家的列车生产中，攻克了一道又一道技术难关。

勤学苦练　铸就本领

李万君在本职岗位上取得的一个个成绩，并非偶然。在长期工作中，他勤于钻研，勇于创新，练就了过硬的焊接本领。他同时拥有碳钢、不锈钢焊接等 6 项国际焊工（技师）资格证书。氩弧焊、二氧化碳气体保护焊及 MAG 焊、TIG 焊等多种焊接方法，平、立、横、仰和管子等各种焊接形状和位置，他样样精通。

李万君根据异种金属材料焊接特性发明的“新型焊钳”，已经获得国家专利并被推广使用。2012年，李万君针对澳大利亚不锈钢双层铁路客车转向架焊接加工的特殊要求总结出的“拽枪式右焊法”等30余项转向架焊接操作方法，在生产中得到广泛应用，累计为企业节约资金和创造价值近亿元。

李万君在出口的轨道客车转向架横梁环口焊接中，首次使用氩弧焊焊接方法，并成功总结出一套焊接操作步骤，从而填补了我国氩弧焊焊接铁路客车转向架环口的空白，同时也为我国以后开发和生产新型高铁提供了宝贵经验。

精心培育 勇创奇迹

为高速动车组生产培养新生力量，是李万君对中国高铁制造的又一大贡献。为确保时速250千米和350千米动车组顺利生产，以及时速380千米超高速动车组的试制，李万君肩负起了为企业培养后备技术工人的重任。在2008、2009年不到两年的时间里，他一边工作，一边编制教材、承担培训任务，创造了400余名新工提前半年全部考取国际焊工资质证书的“培训奇迹”。他精心撰写的二氧化碳气体保护焊平板对接、单面焊双面成形焊接工艺等教材通俗易懂，深受员工欢迎。

自2010年李万君牵头组建了公司焊工首席操作师工作室并担任负责人以来，他通过工作室的平台，在长客股份公司内部成立高级焊工班和高级铆工班，对焊工采取

“大”“小”穿插、“横”“纵”结合的培训方式，组织数百次集中培训，培训焊工数万人次，满足了高速动车组、城铁车、出口车等20多种车型的生产需要。

为进一步发挥“劳模创新工作室”技能传承作用，李万君带领工作室成员，采取“请进来”“走出去”的方式，承担了吉林省、长春市包括中国一汽在内的各企业焊工技能交流传承活动，形成资源共享。2012年，他所负责的焊工首席操作师工作室被国家人事部授予“李万君国家技能大师工作室”，2014年被吉林省总工会和全国总工会分别授予“劳模创新示范性工作室”，他本人多次被长春市总工会授予劳模高技能优秀传承师。在近些年的全国及省市各级技能竞赛中，李万君的徒弟们屡获殊荣，在国际比赛中也取得了不俗的成绩。

回望参加工作的这些年，李万君说自己亲眼见证了中国高铁事业从无到有、从制造到创造、从追赶到领跑的全过程，也见证了产业工人从默默无闻到备受尊重的全过程。在他看来，正是高铁大发展的机遇，才让他得以成长，并收获荣誉。

李万君也正用自己的坚守激励来者，“只要我们用工匠精神把每天的工作干好、干精，都会走出精彩的人生”。

◎ 复兴号动车组

匠心铸“战鹰”
——洪家光

洪家光 / 中国航发黎明发动机有限公司高级技师。

发动机是飞机的心脏，航空发动机被誉为现代工业“皇冠上的明珠”，洪家光用匠心为中国战机锻造澎湃“心脏”，数十载苦练钻研，摘得现代工业“皇冠上的明珠”。无数个高光时刻的背后是巧到极致的技艺，是毫厘之间的精密磨削，是让加工航空发动机叶片的工具再精确一微米的精心雕琢。

洪家光被评为 2021 年“大国工匠年度人物”，曾获“全国五一劳动奖章”“全国劳动模范”等多项荣誉。

拜师学艺 “看问练悟”

洪家光 1979 年出生在沈阳一个农民家庭，父亲常年抱病，母亲靠清运垃圾养活全家。

一个周日的凌晨，7 岁的他帮母亲推垃圾车。闻着让人作呕的腐臭味道，一句话从他嘴里脱口而出：“妈，我觉得天天扫垃圾，这样的生活太苦了！”

母亲愣了一下，笑着回答儿子：“任何事情，只要做好，都能找到乐趣。没准这垃圾堆里也有钻石呢，我们要学会在垃圾堆中找钻石！”

因为家里穷，洪家的孩子从小都自食其力，帮父母做农活。夏天，小朋友吃着雪糕满街跑时，洪家光却在帮母亲运垃圾；冬天，别家的孩子围坐在暖炉旁写作业时，洪家光仍在帮母亲运垃圾。

初中毕业后，为了尽早挣钱养家，洪家光选择就读技校——黎明技术学校。由于家离学校远，他每天都要先乘火车再转汽车，往返 4 个小时。和他一起坐车的同学，有的睡觉，有的打牌，他却看书。3 年里，他坚持自学了 4 科专业技术，把绿皮火车变成了“移动图书馆”。

1998 年，19 岁的洪家光以全校第一名的成绩毕业，顺利考入中航工业沈阳黎明航空发动机公司工作。走进有些神秘的厂房，穿越一道道安全防护门，他原以为在这里能见到梦想中的飞机和发动机，可上班才发现，原来自己的工作就是重复地加工发动机上的零件。洪家光的心凉了半截，但想起母亲的话，他暗暗告诉自己：要学会在垃圾堆中找钻石，要学会将平凡的工作做到极致。

洪家光每天在机器和零件中间不停地忙碌，一个动作要做几百遍甚至几千遍，不仅累，还枯燥乏味。

但他从学手艺中找到了乐趣。为了提高操作质量，他经常加班，抢着干各种脏活、难活和累活，为此技能迅速提高。由于技术过硬，大家都叫他“孟大拿”。

了解车工的人都知道，车床加工时常常铁屑横飞，飞到身上就是一个小点儿。另外，切削液也容易溅到身上。可洪家光发现，老师傅张凤义干活时居然穿着白汗衫，而且一天下来，衣服上一个污点都没有，这让他十分惊诧。张凤义告诉洪家光，造飞机发动机零部件，比头发丝还要细的东西掉进去就是大灾难。洪家光听明白了，“白衬衫”意味着严谨认真、一丝不苟的责任心。自那以后，他跟张凤义学习，每天擦拭车床三遍，时时清理切削下来的碎屑，衣服也洗得干干净净。

在中国航空发动机领域，有个大名鼎鼎的“大国工匠”级人物，他就是全国劳模孟宪新，也在沈发公司工作。“高速切削内螺纹”技术是孟宪新的拿手绝活，每分钟 1 200 转，且无须反转退刀。而洪家光加工这个零件时，只敢开到300转，否则，生产出的零件就是废品。所以，洪家光对孟师傅很崇拜。

为了掌握更精深的技术，洪家光决定拜孟宪新为师。可在当时，孟宪新既不认识洪家光，也不与这个年轻人在同一个车间，如何拜师便成了难题。于是，洪家光就用了一个最笨的方法：“软磨硬泡”。

孟师傅很喜欢这个乐于钻研技术的“有心人”，毫无保留地把自己多年研究出来的技术要领传授给洪家光。之后，洪家光撰写了10万余字的心得体会，总结出“看、问、练、悟”四字诀，双手磨出了厚厚的老茧。3个月后，他的车刀磨削技术达到炉火纯青的地步。

洪家光还非常善于总结经验、举一反三，普通车床、数控车床等各型车床他都能熟练操作。一年下来，在别人完成4 000个工时就不易的情况下，他竟然完成7 000多个工时。

咬紧牙关　终成奇迹

车工的一项关键技术是磨车刀，许多高精度的零部件没有现成的刀具。只要知道哪位师傅磨刀磨得好，洪家光就主动去请教，然后根据师傅们传授的技术自己再练习打磨。

车工要加工不同材质的零件，车刀材质就得根据零件的材质要求进行变化，还要根据不同零件要求磨成需要的角度。磨刀看似简单，但涉及材料学、机械加工技术等，也是一门很深奥的学问。因此，洪家光白天利用工作之余练磨刀，晚上回家看相关专业书籍琢磨技术原理。多年下来，他磨出的各种刀具有上千把，无论加工什么样的零部件，他都能找到合适的刀具。经他磨出的刀具粗糙度好、精度高，加工出来的零部件光亮平整，而且刀具的使用寿命比一般刀具提高了1倍以上。

不仅学习研究磨刀技术有股“疯劲儿”，学习研究车工加工技术时，他也是到了痴迷的程度。实践中，洪家光发现，加工超窄、超深螺纹每次车削线长达 33 米，刀具很快就会磨损，大大降低了精度。他综合以往的直进法、阶梯法和扩槽法三种进刀方法，反复试验，自创了全新的“左右阶梯进刀法”，降低了磨损，填补了公司该类零件加工技术上的空白。洪家光所在的工装制造厂，每年负责加工的产品多达 4 000 件，是公司生产产品种类最多、工艺最复杂的分厂之一。当时，金刚石滚轮加工技术在厂里属于“独苗工种”，只有老师傅刘永祥掌握。作为年轻工人，洪家光根本没有上手的机会。但他用心观察师傅的操作手法，边看边记录，边记录边思考。

2002 年，临近春节，公司下达一项紧急任务：加工某重点型号发动机核心叶片的修正工具金刚石滚轮。因为是核心叶片的修正工具，所以精度要求极高。如果一个尺寸超差，整个零件都要报废；如果最终金刚石滚轮不合格，则会导致成千上万的叶片报废。

公司只有刘师傅掌握该技术，可他恰巧生病住院了。听到要加工这个零件的消息时，大家都沉默着，不敢应答。时间不等人，洪家光主动请缨，获得了第一次珍贵的实操机会。起初他信心满满，按着刘师傅的方法加工零件。没想到经过十几个小时奋战加工出来的产品，居然没有一个尺寸是合格的。这时，洪家光才真切地感受到这项技术比想象中难得多。

他咬紧牙关，继续摸索，不断改进加工方法，每天工作 14 个小时以上。就这样，经过无数次试验，洪家光在短暂的 10 天之内终于攻克金刚石滚轮成型面的加工难题，掌握了这项别人需要几年时间才能掌握的国内一流精加工核心技术，并且完善了几项加工中的不足之处，使加工精度提高了 5 倍。

航空发动机是飞机的心脏，被誉为现代工业“皇冠上的明珠”。叶片是影响发动机安全性能的关键承载部件，制造的工作量在航空发动机制造工作量中占 30%。长期以来，外国在用于加工叶片的“滚轮金刚石成型技术”上对我国进行严密的技术封锁，因而这个方面一直是中国航空发动机水平提升的瓶颈。

突破被欧美公司封锁的金刚石滚轮制造技术，迫在眉睫。作为一名车工，洪家光 2009 年申请了科技立项，立志加工出高精度的滚轮。现有的车床无法满足加工要求，他开始一项项地改进：减小托盘与操作台的间隙，改造传动机构中齿轮间咬合的紧密程度；原有的刀台抗震性不强，他就重做了刀台；小托盘与下面的托盘有间隙，他就将小托盘固定住……这些都减少了车床加工中产生的震动，提高了精度。

4 年后洪家光终于攻克国家新一代重点型号发动机叶片磨削工具——金刚石滚轮的加工课题，将滚轮精度从 0.008 毫米提高到 0.003 毫米，仅有头发丝的 1/27。

经检测，洪家光做的金刚石滚轮，已经达到 3.5 万次的磨削寿命，最精的尺寸可以做到两微米。在别人眼里不可能的事情，洪家光努力将它变为可能，创造了让同行惊叹的佳绩。如今，该技术已被成功授权为国家发明专利。

潜心探索 掌握核心

洪家光说："近年来，随着我国航空发动机产业的快速发展，其制造技术也更加趋于高、精、尖。比起飞机的其他部件，发动机是最具挑战性的精密装备，是机械制造业最高水平的代表。一个国家科技工业和国防实力厉不厉害，从航空发动机制造水平上就能够看出来。"

很多人以为，高度精密的航空发动机，全部都需要高科技机器的打磨。其实不然，发动机的叶片，是需要经过人工打磨才能使用的。

洪家光的日常工作就是打磨叶片。一些发动机零部件要求的加工精度为 0.003 毫米，而现有数控机床的精度只能达到 0.005 毫米。为此，洪家光练出一身感知 0.001 毫米粗糙度变化的本领。

反复实验操作中，他发现，每次细微调整参数，切削面的颜色和亮度都有变化，产生的火花大小和颜色也有所不同。为了找出最优的加工方式，他一次次地调整 0.001 毫米，用眼睛看变化，记录下来，再调整。经过成百上千次试加工，最终总结出加工心得。

当时，洪家光已经是粗加工领域的技术能手，获得"辽宁工匠"的美誉。得知精密磨削技术面临技术瓶颈，他主动请缨研制航空发动机叶片滚轮精密磨削技术，可周围人并不看好。项目刚成立时，有人说："你干好自己的活就行了，搞什么发明创造、技术研发，失败了咋收场？"其实，人们的担心不无道理。对一个普通工人来说，搞研发需要空气动力学、力学、化学等方面系统而丰富的理论知识，这不是光靠苦练就可以迅速掌握的。但是，洪家光不服气，他一本本书地啃，向一个个专家请教。

几年间，经过上千次尝试，洪家光团队最终打破国际技术垄断，研发出一套成熟的"航空发动机叶片滚轮精密磨削技术"，为以后的数控化制造和批量生产打下基础。

在2017年度国家科学技术奖励大会上，洪家光凭借研发《航空发动机叶片滚轮精密磨削技术》项目成果，获得国家科学技术进步二等奖。要知道，这可是航空发动机叶片加工领域的核心技术之一，我国长期受到西方国家的技术封锁。因此，颁奖的时候，洪家光特别激动。有一位院士问他："你是做什么的？"他老实回答："我是一线工人。"那位德高望重的院士非常惊讶："得科技进步奖的都是专家、学者和院士，产业工人是凤毛麟角啊！"

一台战斗机的发动机，一万多个精密零部件中，光是叶片就有上千片，每一片的打磨都需要精心完成。在大推力牵引下，叶片承受着巨大的离心力，一旦与叶盘的连接不够严密牢靠，可能会导致叶片出现裂纹或断裂，影响的不仅是发动机的运转，甚至会造成机毁人亡的惨剧。以往，只有欧美少数国家掌握航空发动机叶片的精密磨削技术。洪家光利用多年积累的加工经验，大胆开展一系列技术创新，通过潜心探索，使超厚滚轮精度超过西方国家，滚轮使用寿命提升两倍。成果应用后，我国航空发动机叶片加工质量、加工合格率大幅度提升，为我国新型战斗机、大飞机上天提供了技术支撑。也许国外专家做梦都不会想到，通过自主研发，一个名叫洪家光的职校生，带领团队完全掌握了这套核心技术。

科技进步的殿堂里，从没有身份区别，只有向创造之力致敬的光荣，这光荣，属于洪家光这样在平凡岗位上默默奉献，不断进取的中国工匠们！

| 历史薪火 |

陆子冈

陆子冈 / 明代琢玉嵌宝工艺家，其琢玉技艺高超绝伦，可谓巧夺天工。闻名于世的“子冈牌”，便是因他而得名。

故宫博物院出版物《紫禁城》记载：“陆子冈，擅长圆雕、镂雕、阴雕、镶金银丝、嵌宝石。”

陆子冈出身书香门第，因家道衰落来到苏州横山学习琢玉，于嘉靖十八年（公元 1539 年）师满后，自立门户。

陆子冈所处的明中晚期，宫廷以及苏州地方的玉雕业开始追求玲珑剔透、华贵繁复，又因此时彩色宝石大量进入中国，兴起了玉器与其他工艺相结合，如玉嵌金银丝，在金属上镶玉嵌宝石等。据《木渎镇志》和故宫博物院资料显示，陆子冈所创办的子冈工坊涉及工艺丰富，《木渎镇志》记载："其雕刻除玉外，如竹、木、石，以至镶嵌（镶玉嵌宝）无不涉及。"其玉雕技艺享称"吴中绝技"，起凸阳纹、镂空透雕、阴线刻划皆尽其妙，尤其擅长平面减地之技法，能表现出类似浅浮雕的艺术效果。作品多形制仿汉，取法于宋，颇具古意，并形成空、飘、细的艺术特点。均用图章式印款，有阳文或阴文。所制玉器人称"子冈玉"，时人与唐伯虎的仕女画相提并论。

陆子冈凭借自身对书画艺术的修为，开启了"诗书画印"入玉的设计，一改明代玉器的陈腐俗气，发展了苏州风格的玉器，得到当时缙绅的欣赏。在"官匠户"制度下，赢得可以"自创品牌"在产品上落款留名的权利和可与文人平起平坐的特权。子冈工坊出品的器物，均琢其名号"子冈""子冈制"或"陆子冈制"，就算是进贡给皇帝

的贡品茶晶梅花花插、青玉婴戏纹执壶、子冈牌等，均琢有“子冈”二字。

因陆子冈无子嗣，其玉雕技艺被专诸巷里的玉工弟子自发传承下来。陆子冈所擅长的“诗书画印”入玉设计与平面减地技法，成为后世玉工沿袭和传承的主要载体。子冈牌成为玉行长兴不衰的经典之作。

| 精神图谱 |

执着专注

“执着专注”就是一个人专心致志、矢志不移、锲而不舍的精神状态，能达到这一境界者至少可以称得上良工巧匠。它要求从业者对所从事的职业有一种敬畏之心，有一种担当精神、牺牲精神，耐得住寂寞，守得住清贫。许多工匠短则十几年，长则几十年专注于一项技艺或一个岗位，经过持续不断地磨炼，才最终获得卓越的成就。

执着专注是工匠精神的力量源泉。中华民族历来有“敬业乐群”“忠于取守”的传统。执着专注既是中国人的传统美德，也体现了当今中国社会主义核心价值观的基本要求。

◎ 象牙镂雕多层套球　清晚期

高 15.5 厘米，球径 5.2 厘米。牙球分为 7 层，均可转动。每层镂雕 14 个圆孔。最外一层浮雕花树人物及亭台楼阁，内层均为星形及圆点状镂空装饰。底座硬木制，造型、颜色均与牙球十分和谐。现藏于北京故宫博物院。

◎ 镶金兽首玛瑙杯　唐

镶金兽首玛瑙杯高 6.5 厘米，长 15.6 厘米，口径 5.6 厘米。杯体为角状兽首形，兽双角为杯柄，嘴部镶金帽，眼、耳、鼻皆刻划细微精确。镶金兽首玛瑙杯是至今所见的唐代唯一一件俏色玉雕，是唐代玉器做工最精湛的一件。现藏于陕西历史博物馆。

◎ 翠玉白菜　清

翠玉白菜是由一块半白半绿的玉石雕琢而成的，长度 8.7 厘米，宽度 9.1 厘米，高度 5.07 厘米。在白菜顶部，赫然有两只青虫，分别是一只螽斯，一只蝗虫。匠人保留了玉石的色泽，就势发挥，将白色雕刻成菜帮，绿色雕刻成菜叶，成品浑然一体，新鲜欲滴。现藏于台北故宫博物院。

第八篇

创新发展

——切忌随人脚后行

广大劳动群众要立足本职岗位诚实劳动。无论从事什么劳动，都要干一行、爱一行、钻一行。在工厂车间，就要弘扬“工匠精神”，精心打磨每一个零部件，生产优质的产品。在田间地头，就要精心耕作，努力赢得丰收。在商场店铺，就要笑迎天下客，童叟无欺，提供优质的服务。只要踏实劳动、勤勉劳动，在平凡岗位上也能干出不平凡的业绩。

2016 年 4 月 26 日

习近平在知识分子、劳动模范、青年代表座谈会上的讲话

| 时代星座 |

让“声音”跨越山海
——张路明

张路明 / 广州海格通信集团股份有限公司无线电通信设计师。

作为无线通信领域公认的技术专家，张路明主导研发了我国四代短波通信产品，他和团队设计的产品解决了边海防通信难题，助力新一代战斗机、新一代通信网络等重大项目、重大工程的建设与应用。

张路明被评为 2021 年“大国工匠年度人物”。

突发灵感　解决难题

1984年夏天，张路明毕业参加工作。彼时，改革开放的春风拂过南粤大地，为了使产品快速赶上国际水平，突破发展瓶颈，七五〇厂（海格通信前身）决定引进国外先进技术，交由张路明所在的团队进行研究与创新。

面对单板的频合指标无法满足整机需求这个“卡脖子”问题，张路明日思夜想，进行了多种尝试。有一天，张路明在实验室进行技术攻关时，窗外一群鸟儿自电线杆上忽然飞走，吸引了他的目光。张路明注意到电线和电线杆之间置有一块陶瓷绝缘连接件，他灵感迸发，不再囿于印制板材料，转而在印制板和关键器件间增加高性能绝缘材料，瓶颈问题终于得到了完美的解决。而这一款短波电台，也解决了短波远程通信的技术难题。

“天才，往往就是99%的努力+1%的灵感。”年轻的张路明发现，所有的灵感，其实都来自不懈的努力。

在张路明近40年的研发历程中，创新贯彻其研发工作始终。张路明常有与众不同的创新思想、方法及技巧，突破性地解决了许多技术难题。

学习创新　融会贯通

作为无线电通信设计师，张路明的工作是把承载声音的无线电波高保真地发送、接收，让指挥员和战士即使远隔重山，也能如同近在咫尺般交流。从20世纪80年代初入职至今，本着“我们多流一滴汗，战士少流一滴血”的责任担当和“以此为生，精于此道”的职业精神，张路明不断学习、创新，将各种技术融会贯通。张路明所主导、参与研制的装备实现了从中长波到微波频段的全频段覆盖，包括中长波电台、短波电台、超短波电台、数字集群、北斗导航、卫星通信、智能终端、无人通信装备……

我国某新型战斗机在科研攻关的过程中，遇到飞行中存在中远距离无线通信效果不佳的行业难题。基于该新型战斗机的设计要求，通信装备必须具备更小、更轻、更强的特点，其中，抗震强度指标须比现役装备提升一倍以上，要求非常苛刻。面对这一几乎不可能完成的任务，以张路明为首的技术攻坚团队，迎难而上，接受挑战。

技术攻关期，张路明不断打破原有的思维定式，带领项目团队，前后对超过 8 种实现形式的机载通信设备进行对比试验，在此期间共开展试验上百次，最终选出了最佳的实现方案。产品成型期，张路明还继续带领项目团队在全国范围内开展了多次上机性能对比试验和试飞通信试验。

艰苦的奋斗换来的是收获的喜悦。通过采用新技术，项目团队新研发的机载通信装备的体积缩减为常规地面装备的 20%，功耗更低、性能更优，完美解决了新型战斗机因特殊功能设计导致无线通信难的问题。

扎根一线 成果斐然

通信行业的薪酬年年增长，外界诱惑无限。然而，张路明始终扎根专业技术一线，几十年如一日埋头钻研，始终坚守。张路明说：“做出好的设备，让战士觉得好用，这就是我的事业追求。”

“影响一批人、培养一批人、成长一批人”，2006年，以张路明的名字命名的“路明实验室”正式挂牌成立。2013年，“路明实验室”荣获“广东省工人先锋号”荣誉称号。

多年来，张路明将技术毫无保留地传承给公司的青年技术人员。2006年至今，“路明实验室”已带领和培养了技术骨干超百人，研制出来的产品也广泛应用在各领域，先后突破了通信领域数十项关键技术，多项技术达到世界领先水平。

通过“路明实验室”这一创新平台，一支爱党报国、敬业奉献、有突出技术创新能力、善于攻克复杂工程难题的工程师队伍已经形成。这个年轻的、充满正能量的无线通信核心技术研发团队，在张路明的带领下正向着更高的技术领域努力奋进。

好使的“烧火棍”这样炼成
——竺士杰

竺士杰 / 宁波舟山港北仑第三集装箱码头有限公司桥吊班大班长。

从事桥吊操作 20 多年来，竺士杰能在 49 米高空中“穿针引线”，创下每小时起吊 185 个自然箱的世界纪录；他敢为人先、开拓创新，自创“竺士杰桥吊操作法”，显著提升了传统桥吊操作效率，帮助司机在 40 多米的高空“稳、准、快”地完成集装箱装卸作业；他言传身教，成立创新工作室，带领着一大批职工奋勇向前。

竺士杰被评为 2019 年“大国工匠年度人物”，曾获“全国劳动模范”“全国五一劳动奖章”等多项荣誉。

离地近50米、8平方米大的桥吊驾驶室是竺士杰工作的地方。只见他熟练地操作着桥吊起重机，稳钩、着箱、闭锁、拉升、落箱、开锁等动作一气呵成。仅一分钟，一个集装箱的装卸工作就完成了。

“穿针引线” 力求创新

竺士杰的父亲是位高级电工，一有空余时间就在家摆弄电焊枪、电容、电路板之类的器件，让竺士杰从小对技术工人充满崇拜。

5岁那年，他从父亲手中接过了一整套汽车模型玩具。他最喜欢的是其中一辆红色大卡车，用来装载他的童年“宝物”。“我那时的想法很简单，等我长大了，我要做一名大卡车司机，载着我的货物满世界地跑，那一定很幸福。”竺士杰说。

怀揣对大型机械的好感，竺士杰走进了校园。初中毕业后，他人生中第一个选择题到来：上高中还是读技校。“这个选择的内核，是我以后该做别人想要我做的事，还是做自己想要做的事。我选择了后者。”于是，竺士杰去了宁波港技工学校，学习港机驾驶专业。

真正点醒他的是技工学校语文老师的话：“人在社会上分‘栋梁’跟‘烧火棍’，‘栋梁’有‘栋梁’的用途，‘烧火棍’有‘烧火棍’的用途。为社会作了贡献的，都是人才！”

竺士杰从此有了人生目标——成为一根好使的“烧火棍”。

1998年12月，他被宁波港北仑国际集装箱公司录取，并被分配至龙门吊岗位。竺士杰至今仍对首次爬上龙门吊的情景印象深刻。

“龙门吊的驾驶室距离地面 20 多米，我跟着师傅徒手攀爬进入驾驶室，入目就是一大排按钮。龙门吊底下堆的 5 层高的集装箱和眼前一直在晃动的吊具，让我有一种无从下手的感觉。”师傅告诉竺士杰，龙门吊的工作是在码头集装箱堆场里，用吊具将集装箱吊起，摆放在不同位置、叠放成不同层高，或者在堆场与卡车之间进行集装箱装卸吊装作业。

看着一脸茫然的竺士杰，师傅拍了拍他的肩：“就是让你在空中用龙门吊‘穿针引线’。”竺士杰恍然大悟。

“穿针引线”的背后蕴含着无数的“门道”：在操作中，龙门吊司机需要通过调整吊具的位置和角度，将吊具上 4 个锁头对准集装箱上仅手机大小的锁孔，全部对准后，再将这 4 个锥形锁头同时插入集装箱锁孔中，完成着箱闭锁，随后才能将集装箱吊起来。一根好使的“烧火棍”该如何炼成？竺士杰的答案是苦练。第一次操作龙门吊，竺士杰花了整整 5 分钟，终于吊起第一个箱子。不服输的他从此“扎根”在驾驶室内拼命练习，有问题就向师傅请教。终于在 3 个月后，竺士杰顺利出师，师傅有些吃惊，一般熟练掌握龙门吊，最起码需要 6 个月。

当好学徒 虚心请教

“被分配至龙门吊岗位后，我在开心之余还有点小遗憾。要知道，码头上个头最大、操作要求最高的机型，是桥吊。每次看到桥吊司机，我总会心生羡慕。”竺士杰说。

念念不忘，必有回响。1999 年，宁波港集装箱装卸业务开始快速增长，公司提倡一岗多能，倡导年轻司机特别是起重类工种的司机多学一门技能。

人生的第二次重要抉择摆在竺士杰面前。选择龙门吊，他技艺熟练，可以拿着稳定的收入开始带徒弟。选择桥吊，意味着要重新从学徒干起，收入锐减。

竺士杰没有丝毫犹豫，第一个跑去报名。他知道，这是他转型桥吊的最好机会。

“尽管都能用来起吊集装箱，但桥吊和龙门吊截然不同，单是离地高度就翻了一倍。”竺士杰说，别看他现在能“如履平地”，他第一次进入离地 49 米的桥吊驾驶室时，只会盯住脚底下铺满的镂空网格，一步一步向前挪动。

不仅离地高度翻倍，桥吊主要针对船上的集装箱开展作业，竺士杰的操作环境从静态变为动态，操作难度和劳动强度高了好多倍。

第一次操作时，师傅介绍完桥吊的操作要领和操作安全注意事项后，就放手让竺士杰试试。他握着操作手柄全身使劲，身体弯腰下匐，脸都快贴到下视玻璃上了。但操作了 10 多分钟，晃动的吊具依旧不听指挥，最后还是师傅出手，不到两分钟就吊起了那个箱子。

一根好使的“烧火棍”，是不能服输的。

为了更快学会桥吊，竺士杰白天跟着师傅学，休息时间就找优秀的桥吊司机“取经”。依旧只用了3个月，竺士杰顺利考取桥吊操作证，成为同一批学习桥吊学徒中的第一人。

从一小时起吊20个集装箱，到一小时起吊30个集装箱，6个月的练习，让竺士杰跻身桥吊班“老师傅”行列。两年后，他的名字成了“龙虎榜”上的常客。要知道，只有每个月操作水平排名前十的师傅才能上榜。

但随着操作水平的提升，竺士杰的疑问却越来越多，他很难把小车稳钩定位一步做到位。尤其在“靠箱”操作时，竺士杰容易“缩手缩脚”，生怕挡位推过头，导致吊具晃动控制不住，与被靠的箱子碰撞，发生安全事故。每当这时候他都会想，有没有更好的操作方法？

为此，竺士杰跑遍了整个桥吊班。有一次，他抓住手机吊坠，将手机从口袋里拉出，手机像钟一样在眼前来回晃动，他顿时灵光乍现！对，可以运用钟摆原理，通过控制驾驶室平台的加、减速，稳定被吊物体。

第三次选择出现了：放弃操作效率，一遍遍试验全新的操作方法，还是按部就班，守住“龙虎榜”上的排名。竺士杰没有多想就选择了前者。

磕磕绊绊近一年，竺士杰终于能自如应用新方法，每小时轻松起吊40多个箱子，同时使用不同国家生产的吊机都能做到精确稳钩定位，连桥吊的机械故障率也下降了不少。

他的名字重新回到了桥吊班的“龙虎榜”，又因多次承担急、难、险、重的工作任务，同事们还送了他一个绰号——“救火队队长”。

动脑钻研 终成栋梁

2004 年 6 月，24 岁的竺士杰被派遣到北仑第三集装箱码头有限公司，支援穿山半岛上新建的大型装箱码头，同时承担起了“传帮带”的任务。

很快，他被提拔为桥吊二班工班长。担任工班长后，竺士杰的任务对象变成了 20 多名班员。手把手教学的效果虽然好，但是范围小、进度慢。于是，这个从小讨厌写

◎ 浙江宁波舟山港北仑三期集装箱码头

作文的人拿起了笔杆子，花了3个月，手写完成了8 000字左右的操作法第一稿。

出乎竺士杰的意料，他以为的“小打小闹”得到了领导的高度重视。公司专门抽调经验丰富的操作司机及写作人员，将操作法逐字逐句进行推敲、完善。2006年12月，“竺士杰桥吊操作法”诞生。

在操作法的推广过程中，公司的集装箱作业量从2004年的11.5万箱，增长到2014年的470万箱，来往船舶变得越来越大，新型空箱吊具等新设备以及新船型陆续出现。每次试验好新方法后，竺士杰都会记录下来，补充到操作法的培训推广中。

这些年，竺士杰攻克的技术难关有很多：在全国率先试行“集卡双拖平板”，提升新型空箱吊具作业效率，提高桥吊一次着箱率，提高桥吊故障间隔率等。他所在的码头还成为单体集装箱吞吐量世界第二的集装箱码头。

“很多人说我懂创新，其实创新就藏在想把事情做得更好的每一颗心中。只要肯动脑、多钻研，任何人都能创新。”竺士杰说。

2019年以来，竺士杰和他的团队继续完善、丰富桥吊稳关技巧和前、中、后的作业要领，将“竺士杰桥吊操作法”升级到了3.0版本，并配套拍摄了视频课程《竺士杰工作法——减速稳关操作法》。显然，竺士杰这根好使的“烧火棍”，已经成长为充满匠心的“栋梁”。

2020年3月29日下午，习近平总书记浙江之行的第一站来到了宁波舟山港穿山港区。“发挥好劳模作用，带出更多劳模”，这是总书记在离开港口前，留给竺士杰的嘱咐。这是份沉甸甸的责任，也是信心和力量的源泉。“我会始终牢记习近平总书记的嘱托，用心无旁骛钻研技能的工匠精神，用立足本职爱岗敬业的工作态度，去引领、带动身边的同事，激发大家的工作热情，为建设‘世界一流强港’贡献自己的力量。”

竺士杰在方寸空间，道出了对未来的远大期待。

用生命保障万家灯火
——王进

王进 / 国网山东省电力公司检修公司输电检修中心带电班作业工。

他身怀绝技，坚韧辛劳，以经年累月淬炼而成的技术和创新精神保障电网安全。王进成功完成世界首次 ±600 千伏直流架空输电线路带电作业，他在“刀锋”上起舞，守护着岁月通明、万家灯火。

王进被评为 2018 年“大国工匠年度人物”，曾获“全国劳动模范”“五四青年奖章”“全国五一劳动奖章”等多项荣誉。

穿梭禁区　“虎口拔牙”

带电作业，这个对于大部分人来说都很陌生的词汇，却是供电行业的专用名词。简而言之，就是在不停电的情况下检修高压输电线路。王进进行带电作业的都是500千伏及以上的线路，电压等级非常高，线路上所带的负荷也非常大。大负荷、大电压也决定着高难度、高风险。带电作业时，工人必须要爬上至少30米高的铁塔，以最快速度进入电场，以规定技术动作完成将近半小时的工作任务。除了要克服恐高晕眩、塔上大体力劳动等问题，最需要克服的是与线路接触的一瞬间产生长达数十厘米电弧的恐惧心理。可以

◎ 特高压直流输电线路工程施工现场

说，每一次带电作业都是一次生与死的较量，是对生命的考量。因此，超高压带电作业在电力行业被称为“在刀尖上跳舞的工作”。

2001 年 4 月，工作已经两年多的王进第一次参加带电作业培训，他看到有的员工爬塔爬到一半就吓哭了，心里十分紧张，但他硬是咬着牙关爬到塔顶。9 月，当公司安排他真正进行第一次带电作业时，他更是忐忑不安。王进回忆说，当时顺着铁塔往上爬，听着嗡嗡的电晕声，头皮直发麻。在进电场的一瞬间，手跟导线产生的电弧还有那电弧带来的巨大声响让他心跳如鼓，下意识地想放弃。最后他定定神，一把抓住高压线，迅速进入电场，才成功实现等电位，顺利完成第一次带电作业任务。“摸电”的一瞬间，让他与带电作业结下不解之缘。

王进说，“带电作业是连保险公司都会拒保的高风险工作。相当于普通家用电压 3 000 倍的 660 千伏电压，两米外的铜线眨眼间会变成灰烬。但是，你只要摸透它的‘脾气’，掌握科技手段，这只‘电老虎’同样可以被驯服。”手脚并用攀上高耸入云的铁塔，与高压导线亲密接触，在外人看来出生入死的考验，在王进眼里却是自我挑战的舞台。

工作 20 多年来，王进带电作业数百次穿梭生命禁区，累计作业时间近千个小时，排除电网故障更是不计其数，特别是在夏季和冬季用电高峰期间，输电大通道不停电检修所带来的社会效益更是难以用金钱来衡量。

锻造技能 节约费用

500千伏及以上的线路是城市的电路“动脉”，一旦出现故障会导致整个城市大停电。王进的工作就是在不停电的情况下，对超高压线路进行“手术”。线路导线是四根一组，线间距40厘米，检修时要在这四根电线的间距中钻过去，这就意味着工人的身体不能直立起来，否则安全距离不够，有生命危险，要在这么小的间距中完成检修任务，没有点真功夫真不行。

让王进印象最深刻的是在2008年夏天的一次作业，工友发现500千伏有一处导线破损，由于当时天气很热，这条线路所带的负荷特别大，如果不及时处理，会使导线破损更加严重。按照规定，断股超过25%，必须切断电源重新压接导线，而这样对整个城市的用电都会产生非常大的影响，公司当即决定进行带电处理。

王进考虑到其他员工缺乏实战经验，便主动请缨，冒着高温爬上50多米高的铁塔实施带电修补。当时铁塔的温度已达60摄氏度。他进入电场后就感觉一阵眩晕，四肢无力，出现中暑反应。他赶紧让工友从地面传上两瓶水，大口喝下去后，咬紧牙关一步步完成操作。下塔后，王进的体力严重透支，肌肉出现轻度痉挛，工友们立刻扶住他，把紧贴在他身上的阻燃内衣拽下来。事后，工友跟他开玩笑说：“你身上淌的汗都可以浇花了。”

工友们都说，王进多长了一双发现的眼睛。在巡线时，他通过细心观察，摸索出一套“紧凑作业法”，即在线路周期性巡视中加入预试工作，边巡视边对合成绝缘子、直线压接管进行红外测温，从而减少外出作业次数，节约大量生产费用。

在“王进劳模创新工作室”，少有“高大上”，大多是来源于一线、应用于一线的“小实新”。绝缘子挂瓶钩、快速接头、架空地线飞车等小改小革，是工作室集体智慧的结晶，既方便实用，还安全高效。多年来，王进参与线路检修技术改造 30 余项，改造工器具 20 余件，为企业节约几十万元资金。

力求创新 挑战未知

对于王进来说，最大的创新成果是让他登上国家科技进步最高领奖台的“银东直流带电作业方法”和工器具，这项创新成果让他荣获国家科技进步二等奖，习近平总书记亲自与他握手祝贺。

正负 660 千伏银东直流输电线路是世界首条唯一在运的正负 600 千伏电压等级输电线路工程，位居三大“外电入鲁”通道之首，被称为“不能停电的线路”。

2011 年 10 月 17 日，工友线路巡检时发现，正负 660 千伏银东线 2012 号塔导线线夹螺栓处开口销脱落，需要立即开展带电作业。56 米的高空、660 千伏高压、400 多万的负荷贴身而过……这些让人想都不敢想的事情，在不到 1 小时内，王进成功完成，成为挑战正负 660 千伏银东直流输电线路带电作业的世界第一人。比起停电检修，此次带电作业为社会节省电量 1 000 万度，避免经济损失 500 余万元。

银东直流输电线路在世界上首次采用正负 660 千伏电压等级等新技术，当时国内外均无可借鉴的带电作业标准及经验，各项指标均属技术空白。回想起项目研发初期的工作，王进说："当时不仅要计算、测量、试验工器具，还要去模拟现场工作，确定带电作业的安全距离，那段时间根本没有节假日。"

经过不懈努力，正负 660 千伏直流输电线路带电作业安全距离、安全防护指标及措施最终确定。为形成作业标准，王进工作室还编制完成首个《正负 660 千伏直流输电线路带电作业技术导则》，提出适用于海拔 2 000 米及以下地区正负 660 千伏直流输电线路的带电检修技术标准。但是，检修工器具的研制让王进感受到前所未有的压力。

过去 500 千伏线路的检修工具都使用铝合金材质，当电压达到 660 千伏后，这种常用的材质已经无法满足电压产生的拉力，他们选择航空航天领域使用的钛合金材料，经过多次破坏性试验、查找缺陷、修改图纸，局部调整加强，最终使金属工具定型，并成功通过国家特高压实验室的大负荷试验。

工作室研制的带电作业屏蔽服、电位转移棒、大刀卡、四线吊钩、绝缘拉杆等，填补了世界范围内的技术空白。这些带电作业成果已在正负 660 千伏银东线途经的宁夏、陕西、山西、河北、山东五省区推广应用。

中国工程院院士雷清泉评价："这些工作方法和工器具的创新均来自生产一线，具有较强的工程实用性与指导性。它代表了工人创新的实力，体现出较高水平，具有较强的推广价值。”

多年来，对自己从事的工作，王进始终有一份深深的自豪感、使命感。他说，在每一盏电灯的光亮里，在每一丝夏季的清凉和每一份冬季的温暖中，都蕴含着国家电网员工的赤子之心。

| 历史薪火 |

鲁 班

鲁班 / 春秋末期鲁国（今曲阜）人，是中国古代最优秀的土木建筑师，被尊为我国土木工匠的“始祖”。

鲁班生活的时期，是一个由奴隶社会向封建社会过渡的历史时期，也是中国古代第一次社会经济高度发展的时期。当时，城邑建筑和水利工程都有了相当的规模，铁器已经逐步推广到社会生产的各个领域，大大推进了社会生产的发展，为奴隶制的瓦解和封建制的形成提供了物质基础。鲁国是周公旦的封地，开化较早。随着势力的扩张，春秋战国时，鲁国已是东方的经济强国，也是当时分封国中文化最发达的地区，“周礼尽在鲁矣”。良好的社会环境，为工艺的发明创造提供了广阔的前景。

鲁班出身于工匠世家，家庭的影响和熏陶，使他从小就喜欢机械制造、手工工艺、土木建筑等古代工匠所从事的活动。小时候，他经常和家人一起参加土木建筑工程劳动。在劳动中，他虚心向家人和有经验的师傅请教，学习他们的先进技术和经验，并悉心观察他们在各项劳动中高超的操作技巧。长期的生产实践，加上个人的不懈努力，鲁班逐渐掌握了古代工匠所需要的各种技能，成为当时最杰出的能工巧匠。

鲁班一生有许多发明创造，两千多年以来，他一直被木工、石工、泥瓦匠、建筑师等尊奉为“祖师”，受到人们的敬仰和纪念。千百年来，民间广泛流传着一个鲁班发明锯的故事。据说有一年，鲁班接受了一项建造一座巨大宫殿的任务。这座宫殿需要很多木料，所以鲁班就让徒弟们上山去砍伐树木。徒弟们用当时最先进的斧头来砍伐树木，虽然他

们每天起早贪黑拼命地干，累得筋疲力尽，却砍不了多少树木，远远不能满足工程的需要，严重影响了工程进度。眼看着工期越来越近，这可急坏了鲁班，他决定亲自上山去察看树木的砍伐情况。上山的途中，他无意间抓了一把野草，却把手给划破了。鲁班感到很奇怪：一根小草为什么这样锋利呢？于是他摘下一片叶子细心观察，发现叶子两边长着许多小细齿，用手轻轻一摸，这些小细齿非常锋利，他的手就是被这些小细齿划破的。鲁班受到启发，他想：如果把砍伐木头的工具做成锯齿状，会不会有同样的效果？于是他就用大毛竹做成一条带有许多小锯齿的竹片，然后到小树上去做试验，几下就把树皮拉破了；再用力拉几下，小树干就被划出一道深痕，鲁班非常高兴。但由于竹片比较软，强度也比较差，不能长久使用，用不了多久，小锯齿有的就断了，有的变钝了，需要更换竹片。这样不仅影响了砍伐树木的速度，而且耗费的竹片太多。应该寻找一种强度、硬度都比毛竹高的材料来代替它，鲁班想到了铁。于是他立即下山，请铁匠帮助锻造一个带有许多小锯齿的铁片，然后又来到山上。他和徒弟各自拉住铁片的一端，只见他俩一来一往，不一会儿就把树锯断了，又快又省力，锯就这样发明了。

鲁班的发明创造是他善于观察、思考、总结的硕果和不断提高、忘我劳动的丰厚回报。有关鲁班的发明和创造也被视为中国古代劳动人民勤劳和智慧的结晶。

| 精神图谱 |

创新精神

中华民族一直具有强烈的创新精神。在先秦时期儒家的经典文献以及其他诸子的著作中，关于创新精神已经有全面的论述，并形成了丰富而完整的理论体系。以后历朝历代的政治家、改革家、思想家，陆续进行着创新的实践，并不断地丰富和发展着古代的创新思想。《周易·乾卦》有“君子终日乾乾”，《乾文言》进一步说“终日乾乾，与时偕行”。这里的“与时偕行”，就是今天常说的“与时俱进”。

创新是工匠精神不懈的追求。创新精神要求每一位劳动者都必须在做好本职工作的同时，不断地去学习新知识、掌握新技术、改进新工艺、创造新方法、探索新模式，在坚守本职要求的同时，不断创新本职工作的新内涵、新操作方法和技术技能，从而提高工作效率和生产效益。现代机械制造尤其是现代智能制造，对技艺提出了越来越高的难度和精度要求，每一个产品的开发、每一项技术的革新、每一道工艺的更新，都需要有工匠的创新技艺参与其中。

在某一个领域持之以恒、不断追求卓越、在细节上追求极致，才能有创新。创新精神，需要结合时代需求，以创新的视角将工匠精神与现代企业相融合，将工匠精神具体化、社会化、制度化，将工匠精神融入企业文化中。工匠精神与创新精神是相辅相成，互相成就的。工匠精神是根基，开拓创新则决定了今后能够走多远，只有两者兼顾，方能发荣滋长。

◎ 黑漆描金木楼钟 清乾隆

高 70 厘米，宽 49 厘米，厚 33 厘米。钟楼为铜骨架木包镶结构，钟壳仿日本漆，在黑漆地上绘描金漆梅、竹、菊。打开楼阁门可见钟盘。钟盘具有明显的乾隆御制更钟特点，中圈是彩绘花草黄色珐琅，上半部有描蓝边白珐琅开光，其内是蓝色楷书“乾隆年制”四字。表示时间的罗马数字写在白色珐琅时刻环上。钟顶钟架中扣着三个铜钟，每个铜钟旁均附有小锤。每逢报刻时，与走时系统相连的绳索牵动下面的两个锤子，相继敲钟，发出“叮当”声。当正点时，小锤则敲击最上面的铜钟，发出“当”“当”声。现藏于北京故宫博物院。

◎ 隆福寺藻井　明

每层圆形主框架上均细雕云纹图案，最上方是一幅星象图。一、二、三、五层上有琼楼玉宇状的天上宫阙，天宫下为彩绘的二十八星宿神像，栩栩如生，凝结了古代木工匠人超凡的领悟力与想象力。现藏于北京古代建筑博物馆。

◎ 故宫斗拱

故宫中随处可见榫卯斗拱结构。作为世界上规模最大、保存最完好的古代皇宫建筑群，故宫历经几百年风雨却依旧屹立不倒，重要原因之一是其建筑中凝聚了我国古代匠人的重要发明——榫卯斗拱结构。